滋賀県立大学
環境ブックレット
1

琵琶湖のゴミ
取っても取っても取りきれない

倉茂好匡

滋賀県立大学 環境ブックレット1

琵琶湖のゴミ　取っても取っても取りきれない

目次

1　琵琶湖岸はゴミだらけ ———— 4
日本中の水辺にはゴミがある
湖流や風などの影響はあるのか
琵琶湖付近に多い風は、北西から南東向き
彦根市付近の沿岸流は、北東から南西向き
漂着ゴミを毎日調査して、気象環境との関連を探る

2　調査の方法 ———— 10
堆積域と侵食域の計6区間で毎日調査
区間ごとに分類し、一つずつの質量を計測

3　すさまじいゴミの量 ———— 15
154日間に5万150個のゴミが漂着
侵食域より堆積域にゴミが漂着しやすい
最も多いゴミは何か
ビニール・プラスチック類のゴミ
発泡スチロール類のゴミ
金属類、ガラス・陶器類、紙類のゴミ
その他の種々雑多なゴミ

4　素材別のゴミを詳しくみると ———— 30
ビニール・プラスチック類の内訳
発泡スチロール類の内訳
金属類の内訳

5　どんな日にゴミは多いのか ———— 35
出水日とその翌日はゴミが多い
河川に溜まっていたゴミが流れ出す

6　風で吹き寄せられるゴミ ———— 38
なぜS1の区間にはゴミが多いのか
岸向きの風がゴミを運ぶ

7　ピンポン玉の漂流実験から ─── 41

沿岸流の発生と風の働き
３種類のピンポン玉で実験
ピンポン玉が岸に漂着するまでの時間
ピンポン玉が動いた軌跡
ピンポン玉Aはフタ付きペットボトル

8　ゴミがゴミである時間 ─── 47

捨てられた時期を推定するには
賞味期限などから放置期間を推定
ペットボトル・飲用缶・紙パックを比較

9　古いゴミたち ─── 53

製造年月日の古いゴミ
年代別に見てみると

10　ゴミは語る ─── 56

湖南市のゴミがなぜ彦根市湖岸に漂着したのか
かなりの量は河川から
湖上や湖底にも大量のゴミが

11　川にもゴミがあるのか ─「おわりに」に代えて─ ─── 59

本当に河川にもいっぱいあるのか
土砂中のゴミで堆積時期がわかるのか
こんなものが埋まっている！
「湖岸清掃」だけで問題は解決しない

1
琵琶湖岸はゴミだらけ

日本中の水辺にはゴミがある

　2002年（平成14）5月のある日、私・倉茂は当時の4年生・高畑秀史君からの相談を受けました。その相談内容は、「自分の卒業研究に興味が持てない」という内容でした。私は滋賀県立大学環境科学部の環境生態学科に所属しており、高畑君も環境生態学科の学生です。そして環境生態学科では、4年生の4月から本格的に卒業研究に着手させます。だから高畑君の場合も、そのときの指導教員と相談したうえで研究を着手したばかりのところでしたから、この相談には本当にびっくりしました。

　数日をかけていろいろ話を聞いているうちに、彼にはそのときのテーマよりももっと興味のあるものがあることがわかってきました。ゴミの問題です。高畑君はそののち京都生協に就職したくらいの人間ですから、「人間の消費行動」に関心がありました。その中で、自然環境に放置されるゴミに強い興味を持ったようです。そこで「いったいどういうゴミに興味があるのか、自分でゴミを見て来い」と突き放してみたところ、数日後に返ってきた答は「琵琶湖岸に散らばっているゴミのことを調べてみたい」でした。

　私の専門は地形学です。特に土砂の侵食・運搬・堆積に関係する研究を多く行ってきています。ゴミの調査研究などやった経験はあ

1　琵琶湖岸はゴミだらけ　5

写真1　琵琶湖岸（P.11図２のS3）に散乱したゴミの様子（2002年5月撮影）

りません。でも高畑君は真剣な目つきで「ゴミを調べたい」と言っています。そこで当時の指導教員だった先生とも相談し、また本人に不退転の決意を持たせたうえで私が新たに指導教員になり、彦根市の琵琶湖岸に散らばるゴミのことを調べさせてみることにしました。

　日本の海岸や湖岸を歩くと、大小さまざまなゴミが散乱していることがわかります。海岸や湖岸に限りません。川のほとりや各種水路でも多くのゴミが目につきます。それこそ「日本中の水辺にはゴミがある」といっても過言ではない状態でしょう。

　このようなゴミの散乱状態の実態について、さまざまな研究がなされています。たとえば山口晴幸さんは、北海道オホーツク海沿岸から沖縄県与那国島にいたる479ヶ所の海岸に漂着したゴミを調査しました[*1]。彼がカウントしたゴミの総数は30万個以上に及び、そのうち約5万個が外国製ゴミだったそうです。特に日本海沿岸域や津軽海峡域では韓国製のゴミが多く漂着しています。また太平洋側の海岸では中国製および台湾製のゴミが多く漂着しています。この

ことは、ゴミの漂着に海流が大きく影響していることを意味しています。

湖流や風などの影響はあるのか

　私が勤務する滋賀県立大学は滋賀県彦根市の琵琶湖岸にあります。この付近の湖岸にも多くのゴミが散乱しています。前ページ**写真1**にその例を示します。流木や草の茎(くき)などのほか、ビニール袋や缶などが落ちているのに気づきます。なにやら袋に入れられたゴミも見えます。周辺集落の人々がしょっちゅうゴミの回収作業をされていますが、それでも「しばらくするとまたゴミだらけ」になってしまいます。私がよく観察している湖岸はそんなに人々が集まる場所ではありません。それでもすぐにゴミがたまるのですから「だれかがゴミを持ってきて捨てた」とは考えにくいのです。でも日本の海岸に漂着するゴミが海流の影響を大きく受けているのですから、琵琶湖のゴミだって湖流や風などの影響を受けているに違いありません。

琵琶湖付近に多い風は、北西から南東向き

　滋賀県琵琶湖環境部にお話をうかがったところ、琵琶湖の湖岸に散在するゴミの清掃作業が2001年(平成13)に行われ、その結果より湖岸1kmあたりに収集された散在ゴミ量を計算したところ、琵琶湖東岸の湖北地区や湖東地区の散在ゴミ量は比較的多く(それぞれ11.4m^{3}および2.5m^3)琵琶湖西岸・湖西地区で比較的少ない(1.5m^3)ことがわかったそうです(図1)。琵琶湖付近の年間を通した卓越風(特定期間内に最も多く吹く風向きの風)が北西風(北西から南東に向けて吹く風)であることから考えると、琵琶湖東岸に散在ゴミ量が多い一因として風によるゴミの吹き寄せがあることが考えられます。

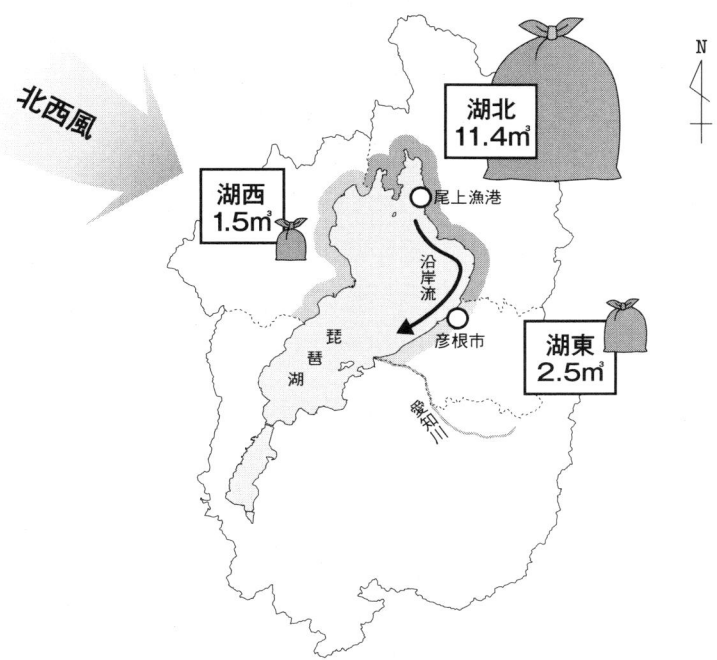

図1　2001年に琵琶湖岸1kmあたりで収集された散在ゴミ量

彦根市付近の沿岸流は、北東から南西向き

　琵琶湖岸のゴミの漂着に影響していそうな要因はまだあります。西嶌照毅さんたちは、琵琶湖の沿岸を流れる沿岸流について研究しました*2。そして、彦根市付近の琵琶湖岸では北東から南西向きに流れる沿岸流が存在することを報告しています。彦根市の湖岸に流れ着くゴミは、きっとこの沿岸流の影響も受けているに違いありません。

　また、海岸や湖岸には、土砂の堆積しやすい場所と土砂が侵食されやすい場所とがあります。地形学的な視点で海岸や湖岸を観察す

ると、そこが「堆積域（堆積傾向にある場所）」なのか「侵食域（侵食傾向にある場所）」なのかを判別することができます。そして、海岸や湖岸の土砂も沿岸流の影響を受けて流れています。この沿岸流と周囲の構造物との関係で、そこが堆積域なのか侵食域なのかが決まります。土砂がこのようなふるまいをしているのですから、もしゴミが沿岸流の影響を受けて流れてきているのなら、きっと堆積域と侵食域ではゴミの漂着の様子が違っていることでしょう。地形学の研究者である私は、この点に興味を持ちました。

漂着ゴミを毎日調査して、気象環境との関連を探る

一方、これまで各地で行われてきた漂着ゴミ量の調査では、その調査期間に水辺の一定距離あるいは一定面積あたりに散在するゴミの個数とその種別をカウントしたり（たとえば、Thornton and Jacksonの研究[*3]、中野らの研究[*4]など）、あるいは採集したゴミ全量あるいは種別ごとの総重量あるいは総体積を報告したり（たとえば、Kanehiroらの研究[*5]、凌らの研究[*6]など）することが多く、漂着ゴミ個々の重量や調査期間各日のゴミ漂着量を報告した例は見当たりません。

そこで高畑君の卒業研究では、滋賀県立大学付近の湖岸のうち、堆積域・侵食域それぞれに一定距離の調査区間を設定しました。その上で、調査期間中に各調査区間に漂着するゴミを毎日調査することにしました。このようにすれば、各調査日の気象環境とゴミ漂着量を比較することができ、ゴミの漂流実態解明につながる知見を得ることができると考えられるからです。さらに採取した各ゴミの種別のみならず個々のゴミの重量も計測することにしました。これを行えば、漂着ゴミに対する詳細な質量評価を可能にするデータセットを得ることができるでしょう。

高畑君の調査結果は驚くべきものでした。このブックレットでは、その成果を説明します。それと同時に「ゴミについて、こういう調べ方をするとこんなに興味深いことがわかるのだ」ということを感じていただきたいと思います。日本各地の学校では、その地域のゴミ清掃作業をよく行っているようです。でも、単にゴミを片づけるだけでなく、そのゴミを調べるといろいろなことが見えてきます。この本の内容が、そんなときのヒントになればと思っています。

＊1　山口晴幸（2000）漂着ゴミによる日本列島の海岸汚染．環境技術，29(8)，18-26．
＊2　西嶌照毅・宇多高明・中辻崇浩（1997）湖岸植物の繁茂限界波高の算定―琵琶湖東岸を例として―．海岸工学論文集，44，1111-1115．
＊3　Thornton, L. and Jackson, N.L. (1998) Spatial and temporal variation in debris accumulation and composition on an estuarine shoreline, Cliffwood Beach, New Jersey, USA. *Marine Pollution Bulletin,* 36, 705-711.
＊4　中野慎一・京才俊則・岡田昭八（2001）海岸ゴミ実態調査．リバーフロント研究所報告，12，243-249．
＊5　Kanehiro, H., Tokai, T. and Matsuda, K. (1995) Marine litter composition and distribution on the sea-bed of Tokyo Bay. *Fisheries Engineering,* 31, 195-199.
＊6　凌祥之・吉田弘明・小泉健・山岡賢・斎藤孝則（2000）農業用排水路に流着したゴミの実態とそれら炭化物の組成．農業土木学会誌，68，1287-1292．

2
調査の方法

堆積域と侵食域の計6区間で毎日調査

　調査は、滋賀県彦根市を流れる犬上川河口付近の琵琶湖岸で行われました。私の勤務する滋賀県立大学は犬上川左岸側の河口付近に位置します。つまり、大学のすぐそばの河口付近の湖岸で調査をしたわけです。

　1章でも述べたように、彦根市付近を含む琵琶湖の東側地域（琵琶湖北端近傍に位置する尾上漁港から愛知川河口まで）一帯では、湖岸の汀線（水際の線）に沿って南西向きの沿岸流（P.7 図1）が存在します。つまり、湖岸を流れる砂は北東から南西向きに漂砂として流れていることになります。一方、この沿岸にはコンクリート護岸や突堤などの人工構造物が多数存在します。地形学的に見ると、突堤のように湖岸や海岸から突き出た構造物のあるところでは、その沿岸流上流側に砂は堆積する傾向にあり、一方構造物の沿岸流下流側では砂は侵食される傾向にあります。ですから彦根付近の琵琶湖岸の場合、構造物の北東側が堆積域に、そして南西側が侵食域になります。

　このことを考慮したうえで、六つの調査区間を選定しました（図2）。このとき、堆積域に三つ（S1, S2, S3）と侵食域に三つ（E1, E2, E3）の調査区間をとるようにしました。一つの調査区間は汀線の長さにして50mの区間です。

　まず全調査区間に散在するゴミをすべて除去しました。そのうえ

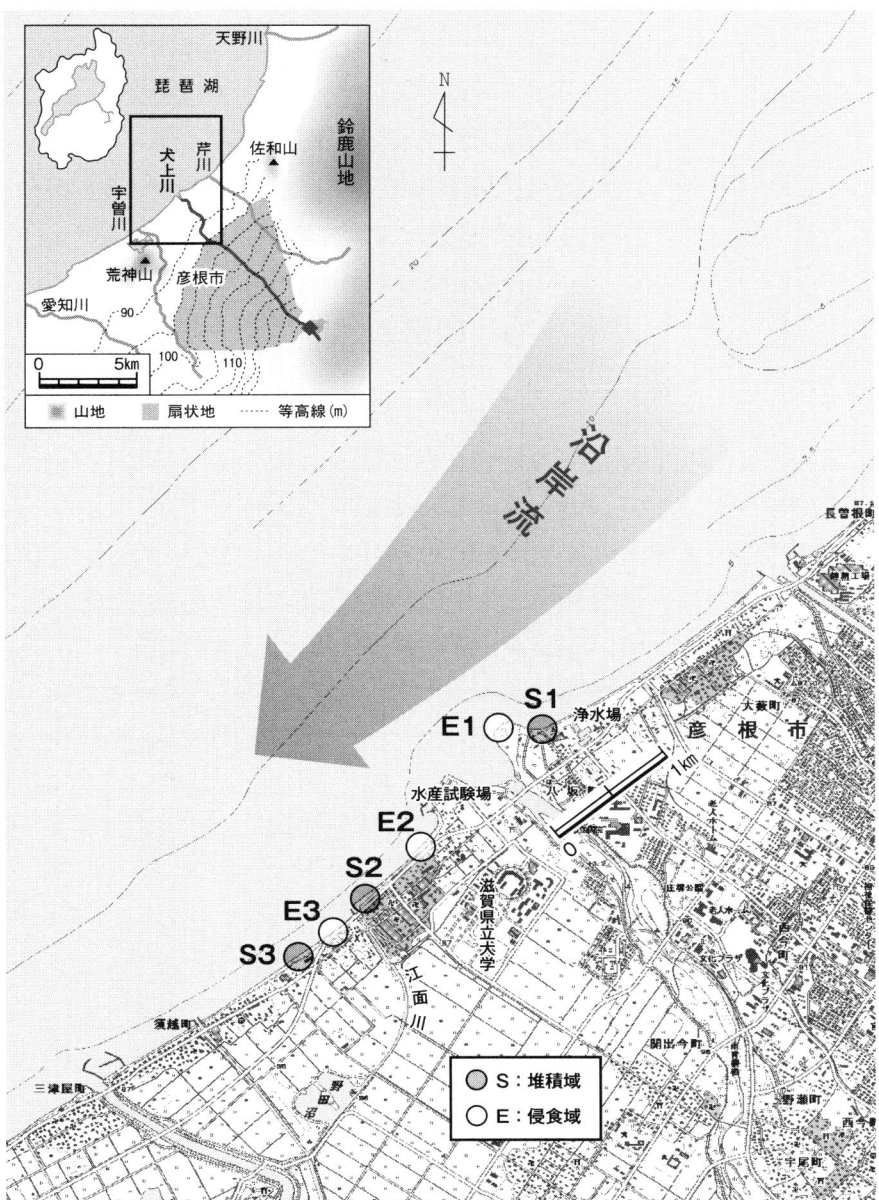

図2　調査地周辺の地図

で、2002年（平成14）6月3日〜11月3日、毎朝6〜9時の間に調査区間の汀線に存在していたゴミをすべて採取しました。つまり、調査時以前1日以内にそこに新たに出現したゴミをすべて採取したことになります。この中には、調査時以前1日以内にそこに漂着したゴミのみならず、その1日以内にそこにポイ捨てされたゴミも含まれているはずです。しかしその両者を区別することはできませんから、ここではそれらを一括して「漂着ゴミ」と呼ぶことにします。

区間ごとに分類し、一つずつの質量を計測

　ただし、琵琶湖の水位変動のため、前日と調査日とでは汀線の位置が違うことがあります。しかし、前日よりも水位が下がっている場合、前日の汀線の位置には地形学でいう「バーム」という地形（波によって岸に乗り上げた砂の細長い高まり）が残されていますから、そのバーム状の地形から水際までの間に新たに発見されたゴミをその1日の漂着ゴミとみなすことができます。水位が上昇しているときなら、前日の漂着ゴミもさらに洗い流されて湖岸に到着するでしょうから問題ないと考えました。

　採取したゴミはすべて大学に持ち帰り、水道で1個ごとにゴミを洗浄し、これを一つずつ網に掛けて干しました。そのうえで調査区間ごとにゴミを分類し、その個数をカウントしました。6月23日以降に採取したゴミについては、干したのちに1個ごとのゴミの質量も計測しました。ゴミを分類するときには、**表1**に示す分類表にしたがって分類しました。この分類表を作成するにあたっては、環日本海環境協力センターの分類方法[7]や小林真史（こばやしまさふみ）さんの分類方法[8]を参考にしました。

表1　漂着ごみ分類表

大分類	中分類	小分類
ビニール・プラスチック類	破片類	シート片
		プラスチック破片
	袋類	ゴミ袋
		レジ袋
	菓子包装類	破片類
		アメ包装
		個包装類*
		ポッキー
		ポテトチップス
		アイス包装
		アイス容器
		アイス容器フタ
		その他
	食品包装・容器類	野菜などの包装
		ふりかけ
		インスタントラーメン等の調味料
		ストロー
		チューチュー
		ヨーグルトのフタ
		ヨーグルトの容器
		プリンカップ
		コンビニおにぎりの包装
		コーンスープ
		コンビニ箸包装、ストロー、スプーン包装
		豆腐容器
		のりケース（円筒）
		のり袋（個包装）
		コーヒーミルク
		ゼリー小
		ゼリー大
		砂糖袋
		インスタントラーメン包装
		インスタントラーメンフタ
		ラッキョウ入れ
		チューブ型容器
		しょうゆ入れ
		冷凍食品などの食品包装中身台
		パン包装
		バラン
		ラップ
		トレー片（硬質トレー、透明トレーなど）
		その他
	食品包装・容器類以外の包装類（正体不明のものも含む）	破片類
		破砕類（袋類など）
		家庭菜園植物ラベルなど
		商品外装*1
	液体容器	ペットボトル(350、500、900、1500、2000)【mℓ】
		ペットボトル以外の飲料容器（ヤクルトなど）
		飲食用調味料等ボトル（しょうゆ、油など）
		非飲食用等ボトル（除草剤）
	フタ類	ペットボトルなど
		ペットボトル以外のプラスチック製フタ
	ひも類（荷造り用など）	硬質プラスチック
		ビニール製
		みつ編みひも

大分類	中分類	小分類
	たばこ類	たばこのフィルター
		外装ビニール（上部）
		外装ビニール（下部）
		ライター
	その他	文房具
		ガムテープ類片
		ルアー・浮き・疑似餌
		植木ポット
		硬質プラスチック製
		軟質プラスチック製
		シート大
		肥料袋
		カップ食器類
		その他（分類に該当しないもの）
		こげたビニール・プラスチック類
発泡スチロール類		トレー片（小）
		トレー片（中）
		食品トレー類
		発泡スチロール片（小）
		発泡スチロール片（中）
		発泡スチロール類（現物大）
		弁当・ラーメン容器
		緩衝材
		こげた発泡スチロール
金属類		飲料缶（190、250、350、500）【mℓ】
		その他の金属製缶類（ガスなど）
		ビン類の金属製フタ
		プルタブ
		アルミ箔
		金属片
		医薬品外装（アルミ製）
		アルミ錠剤ケース
		粉薬大の包装
		こげた金属類
紙類		紙片
		たばこパッケージ
		飲料用紙パック(200、500、1000)【mℓ】
		紙コップ
		マッチ
		こげた紙類
ガラス・陶器類		ガラス・陶器片
		ビン類飲料用
		非飲料用
		こげたガラス・陶器類
木材類		木片
		割り箸
		こげた木材類
ゴム類		ゴム片
		ボール類
		ゴム手袋
		その他
		こげたゴム類
布類		布片・衣類
		こげた布類
複合素材	その他	花火
		靴・サンダル

「個包装」とは、大袋などに入っている菓子や食品のうち、それら1個ごとに包装したり、それら数個〜数枚を包装したりしたもの。
「商品外装」とは、なんらかの商品の外装として用いられたとは考えられるが、その正体を判別できなかったもののこと。

*7 　環日本海環境協力センター（1998）平成10年度日本海沿岸海辺の埋没・漂流物調査報告書, 148p.

*8 　小林真史（2000）海岸に漂着する廃棄物に関する空間的および時系列的考察. 上越社会研究, 15, 155 ～ 166.

3
すさまじいゴミの量

154日間に５万150個のゴミが漂着

　高畑君がゴミの調査を開始してから３日後、私はこのテーマの調査を開始させたことを後悔しました。サンプルとして持ち帰ってくるゴミの量が半端ではないのです。分類したゴミを１個ずつ分別して実験室の実験卓の上に並べ、それを記録していくわけですが、すぐに実験室中がゴミでいっぱいになってしまうのです。でも、方法を決めて始めたのですから後には引けません。「きっとものすごいデータセットになるぞ」と覚悟を決め、調査を続けさせました。

　調査日数は154日におよび、この間に拾ったゴミの総個数は５万150個におよびました。調査した湖岸の長さは合計で300ｍですから、湖岸線１ｍあたり１日平均1.08個のゴミが漂着したことになります。彦根市の琵琶湖岸の延長は約17kmですから、単純計算すると彦根市の湖岸には１日に１万8,000個あまりのゴミが漂着している勘定になります。**写真２**は、ある日に採取したゴミをすべて実験台の上に並べてみたものです。実にさまざまなものがあります。ファンタの缶、マヨネーズのチューブのようなもの、ライター、飲み物のビン、薬のカラ、キャンディーの個別包装袋などのほか、金属片やプラスチックの破片などの細かなゴミもたくさんあります。

写真2　ある日に採取した漂着ゴミ

侵食域より堆積域にゴミが漂着しやすい

　図3は、漂着ゴミについて細かい分析を行なった6月23日〜11月3日に採取したゴミの個数と質量を示したものです。この期間のゴミ総数は約4万6,000個、総質量は約158kgでした。六つの調査区間で比較すると、土砂の堆積しやすい「堆積域」(S1〜S3) では、個数にして4,800〜2万8,000個以上ものゴミが漂着していたのに対し、侵食されやすい傾向の「侵食域」(E1〜E3) には約1,200〜3,300個のゴミしか漂着していませんでした。質量で見ても、「堆積域」には23〜65kg以上のゴミが漂着していたのに対し、「侵食域」には9〜18kg程度のゴミしか漂着していませんでした。つまり、「堆積域」の湖岸のほうが、「侵食域」の湖岸よりも圧倒的にゴミが漂着しやすいことがわかります。つまり、地形的に土砂が堆積しやすいかど

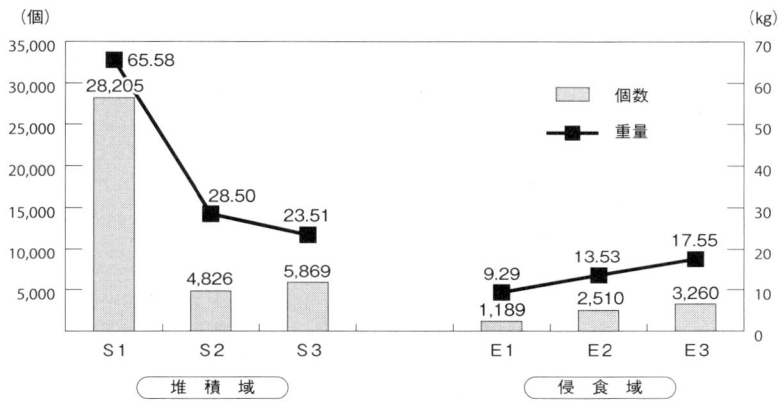

図3　調査期間中に各調査区間に漂着したゴミの総個数および総重量

うかを判断すれば、そこへのゴミの漂着しやすさを判別できることがわかります。また、「S1」の区間に漂着したゴミの量（個数で2,800個以上、質量で65kg以上）は、他の区間より圧倒的に多くなっています。このことより、湖岸でも特にゴミの漂着しやすい場所があることが明らかになりました。

最も多いゴミは何か

　次に、漂着ゴミの内訳を見ていきましょう。図4(a)は各調査区間に漂着したゴミを個数単位で主要な9種類に分別した結果を示しています。また図4(b)は同様の分類を質量単位で行った結果です。どの調査区間でも、ビニール・プラスチック類のゴミが個数にして55〜88％程度を、また質量では40〜70％程度を占めています。つまり、琵琶湖岸に漂着するゴミの相当部分はビニール・プラスチック類の

ものであることがわかります。また、個数でみるとどの湖岸でも発泡スチロール類が5～33％程度とかなりの比率を占めています。ところが質量で見てみると、発泡スチロール類は4～10％程度なのに対し、ガラス・陶器類のゴミが10～30％程度を占めています。

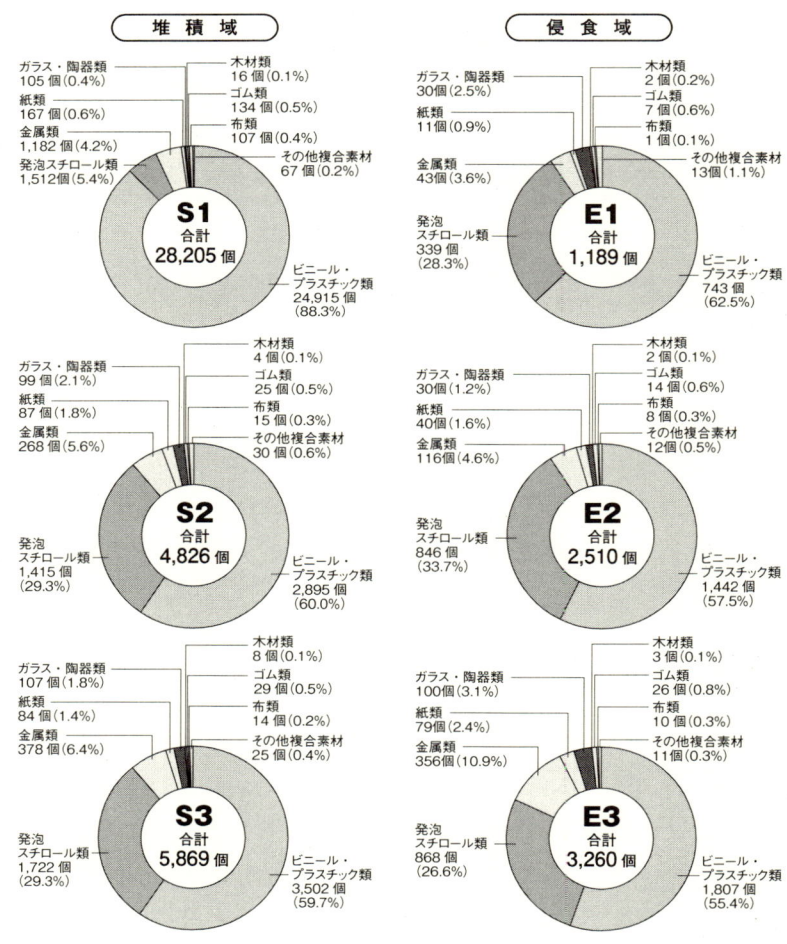

図4(a) 各調査地における漂着ゴミの合計とその内訳（個数）

一方、ガラス・陶器類のゴミを個数でみた場合、各調査区間で0.5〜3％しかありません。このことは、ガラス・陶器類のゴミは個数こそ少ないものの一つずつのゴミが重たいものであることを示しています。

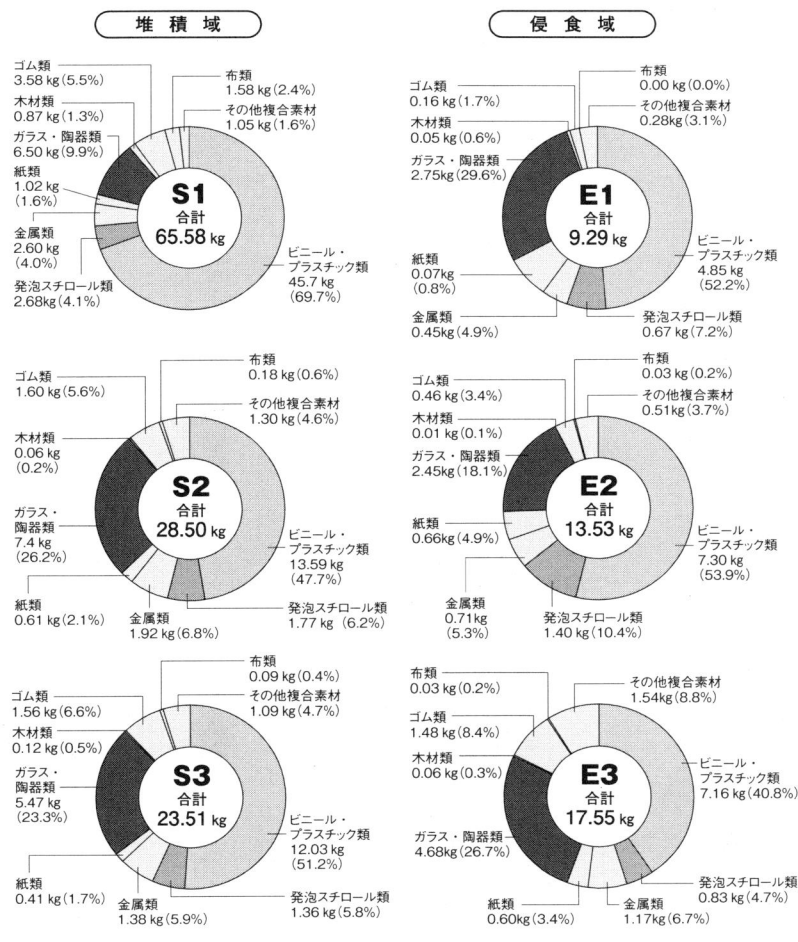

図4(b)　各調査地における漂着ゴミの合計とその内訳（質量）

ビニール・プラスチック類のゴミ

　それでは、各種別の代表的な漂着ゴミの写真を見てみましょう。写真3～9は代表的な「ビニール・プラスチック類」のゴミです。皆さんにも「元はなにか」がすぐわかるものも多いと思います。スーパーの惣菜などを入れるのによく使う透明プラスチック容器の破片（写真3）や、キャンディー・チョコレート・クッキーなどの個別包装（写真4、大袋の中に、小さな包装に1個ずつ包まれたお菓子がありますね）、プリンやカップ飲料やフィルムケースなどのフタ（写真6、7）、ペッ

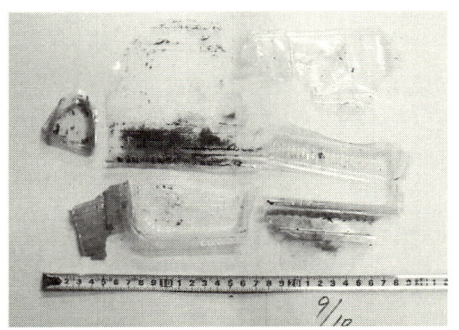
写真3　透明プラスチック容器破片のゴミ

写真4　菓子類の個別包装のゴミ

写真6　プリンなどの容器のフタがゴミとなったもの

写真7　フィルムケースなどのフタがゴミとなったもの

トボトルのフタにレジ袋（**写真8、9**）などなどです。これらはある程度原型をとどめているゴミですが、実は**写真5**に示すような「ずたずたに刻まれたゴミ」が非常に多いのです。しかも、鋭利なもので切られたというよりは、こすられたりしてちぎられたような形状のものがほとんどです。ゴミを捨てるときにわざわざ細かくちぎって捨てる人はまずいないでしょうから、きっと琵琶湖岸までに運搬されるうちにずたずたにされたのでしょう。いったい何があったのでしょうか。これについては、後に考えたいと思います。

写真5　ずたずたにちぎれたビニール等の破片ゴミ

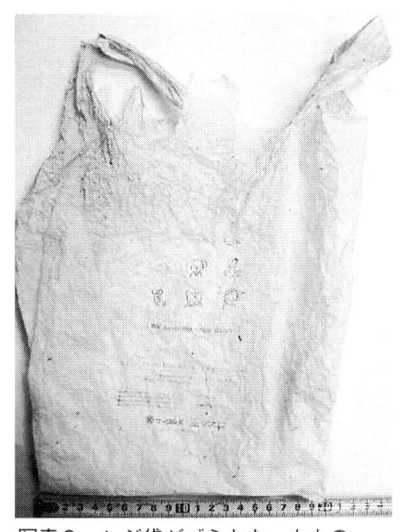

写真8　ペットボトルのフタがゴミとなったもの　　写真9　レジ袋がゴミとなったもの

発泡スチロール類のゴミ

　写真10〜15に代表的な「発泡スチロール類」ゴミを示します。スーパーマーケットやコンビニでおなじみの各種発泡スチロール製トレー(写真10〜11)のみならず、牛丼やおにぎりなどのトレー(写

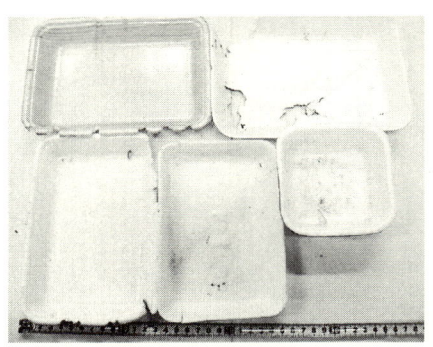

写真10　発泡スチロール製トレーがゴミとなったもの（その1）

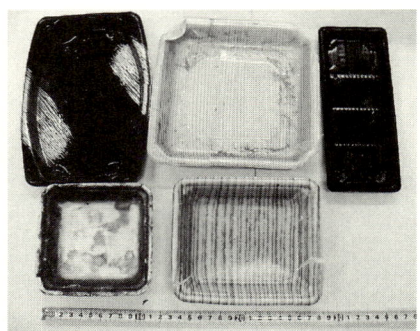

写真11　発泡スチロール製トレーがゴミとなったもの（その2）

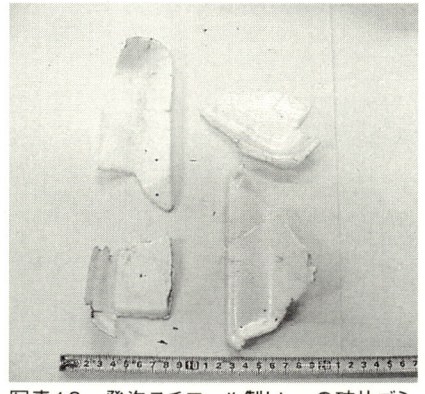

写真13　発泡スチロール製トレーの破片ゴミ

真12)も多く見られました。もちろん、このように原型をとどめているもののみならず、写真13・14のようにちぎれて破片になっているもののほうが多く見られました。また、写真15のように大型スチロールの破片も多く見られました。

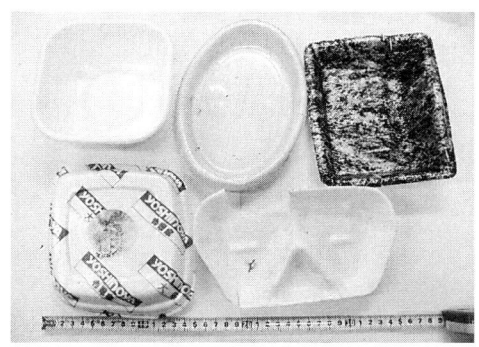

写真12 牛丼やおにぎりなどの食品用トレーがゴミとなったもの

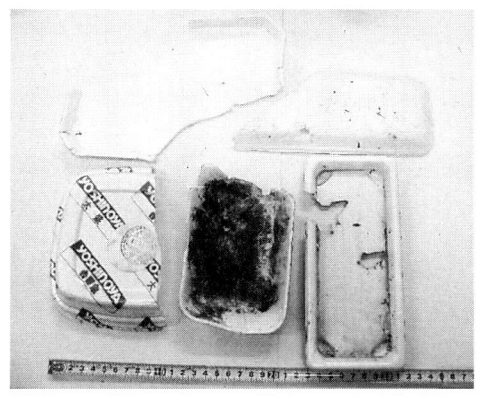

写真14 発泡スチロール製トレーの破片ゴミ。比較的大きなもの

写真15 厚手の発泡スチロールの破片ゴミ

金属類、ガラス・陶器類、紙類のゴミ

「金属類」ゴミの代表的なものの写真を**写真16〜23**に示します。飲料缶のプルトップやビンのフタ(**写真16**)、金属製チューブやアルミトレーの破片(**写真17**)のほか、さまざまな製品の部品(**写真17**右下や**写真19、20**)が多く見られました。もちろん、ある程度原型を保ったアルミ容器(**写真18**)もありました。また飲用缶も、原型を保ったもの(**写真21**)から、ずたずたに裂かれたもの(**写真22**)までありました。

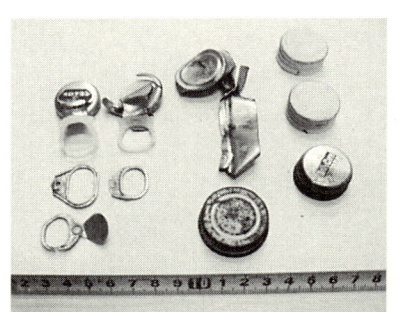

写真16　飲用缶のプルトップやビンのフタがゴミとなったもの

写真17　金属製チューブやアルミトレー破片のゴミ。金属製部品のゴミも交じる

写真18　原型をとどめたアルミ容器のゴミ

3 すさまじいゴミの量 ―― 25

写真19 金属製部品（おたまの先）のゴミ

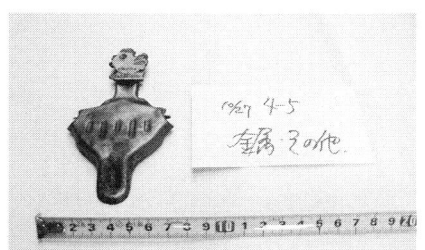

写真20 金属製部品（何の一部か不明）のゴミ

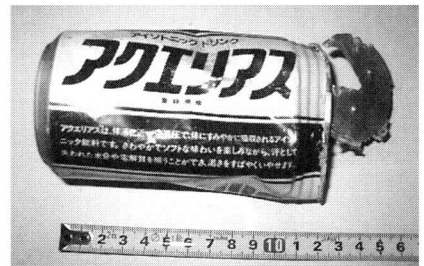

写真21 飲用缶のゴミ。原型を保っているもの

写真22 飲用缶のゴミ。ずたずたに裂かれている

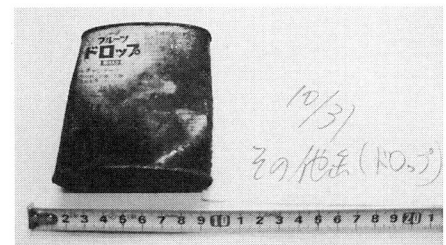

写真23 ドロップの缶のゴミ。相当さびついている

写真24　各種飲料のガラス瓶（透明なもの）のゴミ

写真25　各種飲料のガラス瓶（茶色のもの）のゴミ

写真26　各種飲料のガラス容器（透明なもの）のゴミ

写真27　食品用ガラス容器のゴミ

写真28　ガラスや陶器類の破片ゴミ（その1）

写真29　ガラスや陶器類の破片ゴミ（その2）

写真30　陶器類の破片ゴミ。電球の金属部分のゴミも交じっている

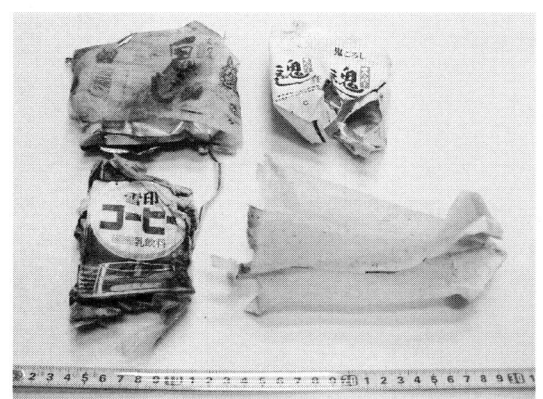

写真31　飲用紙パックのゴミ

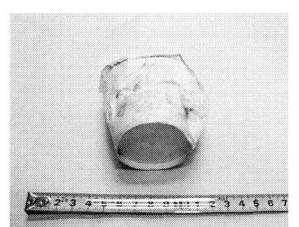

写真32　紙コップのゴミ

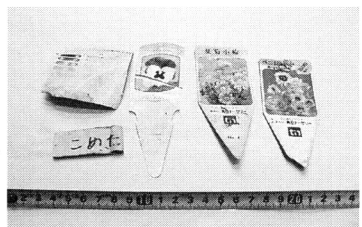

写真33　園芸用紙札のゴミ

「ガラス・陶器類」のゴミの中では、原型をとどめているものの中では各種飲料のビン(写真24〜26)や食品等のビン(写真27)が見られました。もちろんガラスや陶器ですから破砕されたものが多く(写真28〜30)、これらの角はけっこう磨耗して丸まっていました。

「紙類」のゴミは破砕されてずたずたになったものが多いのですが、中には原型をとどめているものもあり、飲料のパック(写真31)や紙コップ(写真32)、園芸用の紙札(写真33)などが見られました。原型をとどめているものは、比較的厚手の紙を使用したものが多いようでした。

その他の種々雑多なゴミ

　写真34〜40に、ここまでで紹介したもの以外の種々雑多なゴミの例を示します。写真34と35は大型のゴミの例です。大きな発泡スチロール製の箱や救命胴衣（写真34）が漂着したこともありましたし、船の一部（写真35）を発見したこともありました。こういうゴミを発見すると、湖のどこかで船舶の事故があったのではないかと心配になってしまいます。それに対し、各種のボール（写真36）を発見したときなどは「どこかでボール遊びをしていた人が、そのボールを流しちゃったのだろうな」などと想像してしまいます。意外と多かったのは薬のカラ（私たちは「薬ガラ」と呼んでいます）でした（写真37）。これらはきっとどこかの病院で処方を受けた薬のカラなのでしょう。中には私自身が高血圧治療のために服用している降圧剤の薬ガラまでありました。もちろん、市販の薬の個別包装（写真38）も見られましたし、その中にはコンドームの個別包装もありました。使用済みのコンドームが漂着したこともあり（写真39）、こういうものを採取すると「なんでこんなものが環境中に出て来るのか」と心が寒くなると同時に、「野外でこういうものをお使いになるのが好きな人がいるのか」と余計なことまで考えてしまいます。時にはED治療薬の薬ガラ（写真40）を発見したこともありました。これなどもなぜ環境中に放置されているのか不思議に思うゴミの一つです。ご家庭内で使用することがためらわれ、野外で服用されたのちにポイ捨てされたものなのでしょうか。それとも家庭から出たゴミがなんらかの理由でばらばらになって環境中に放出されたのでしょうか。これらの原因究明のためには、人間の「ゴミの捨て方」に関する詳細な調査が必要です。

3 すさまじいゴミの量 ―― 29

写真34 大型発泡スチロールケースや救命胴衣がゴミとなったもの

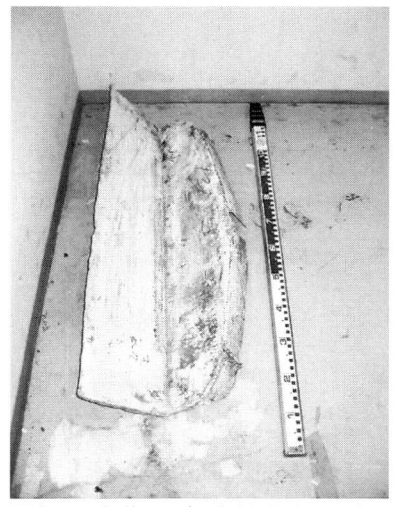

写真35 船体の一部がゴミとなったもの

写真36 各種ボールがゴミとなったもの

写真37 薬のカラのゴミ

写真38 市販薬の個別包装のゴミ

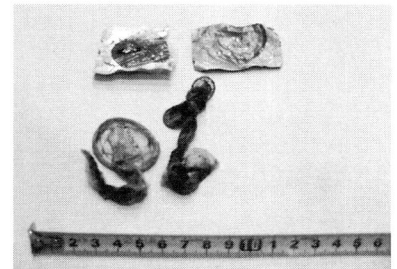

写真39 コンドームの個別包装および使用済コンドームのゴミ

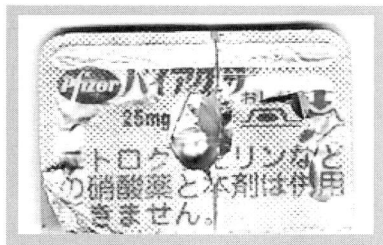

写真40 ED治療薬のカラがゴミとなったもの

4

素材別のゴミを詳しくみると

ビニール・プラスチック類の内訳

　P.18の図4(a)と(b)で示したように、漂着ゴミの第1～3位はビ

表2　ビニール・プラスチック類の各種別総量と割合
(a)　個数の場合

順位	堆積域 (S1, S2, S3) の合計	個数	比率(%)	侵食域 (E1, E2, E3) の合計	個数	比率(%)
1	シート片（小）	6,420	20.5	たばこフィルター	491	12.3
2	食品包装・容器	3,561	11.4	シート片（小）	472	11.8
3	お菓子包装（アメ・個装袋）	2,843	9.1	食品包装・容器	441	11.0
4	雑貨袋・そのほか切れ端	2,351	7.5	プラスチック破片	331	8.3
5	プラスチック破片	2,209	7.1	こげたもの（ビニール・プラスチック）	246	6.2
6	たばこ外装袋（上部・下部）	1,999	6.4	お菓子包装（アメ・個装袋）	207	5.2
7	食品包装・容器などの切れ端	1,660	5.3	雑貨袋・そのほか切れ端	202	5.1
8	たばこフィルター	1,602	5.1	飲料PET	182	4.6
9	お菓子袋類の切れ端	1,252	4.0	フタキャップ（PETフタ）	169	4.2
10	雑貨袋大のもの	986	3.1	たばこ外装袋（上部・下部）	152	3.8
11	レジ袋	773	2.5	雑貨袋大のもの	150	3.8
12	お菓子包装	750	2.4	食品包装・容器などの切れ端	145	3.6
13	こげたもの（ビニール・プラスチック）	744	2.4	お菓子包装	122	3.1
14	雑貨（文具・ガムテープ・洗濯・台所用品）	621	2.0	フタキャップ（PET以外）	108	2.7
15	フタキャップ（PETフタ）	578	1.8	雑貨（文具・ガムテープ・洗濯・台所用品）	87	2.2
16	シート片（中）	537	1.7	レジ袋	86	2.2
17	フタキャップ（PET以外）	441	1.4	お菓子袋類の切れ端	75	1.9
18	飲料PET	351	1.1	シート片(中)	63	1.6
19	医薬品（ビニール製）	305	1.0	荷造り用バンド	40	1.0
20	苗木ポット（硬いもの・柔いもの）	282	0.9	シート大・肥料袋	36	0.9
21	シート大・肥料袋	224	0.7	医薬品（ビニール製）	35	0.9
22	荷造り用バンド	182	0.6	苗木ポット（硬いもの・柔いもの）	33	0.8
23	使い捨てライター	117	0.4	プラスチック破片（中）	25	0.6
24	プラスチック破片（中）	114	0.4	使い捨てライター	19	0.5
25	ラベルなど	107	0.3	非飲料PET	17	0.4
26	商品吊り下げ袋上端	107	0.3	商品吊り下げ袋上端	14	0.4
27	非飲料PET	55	0.2	ラベルなど	13	0.3
28	ゴミ袋	52	0.2	食用調味料PET	10	0.3
29	ルアー・浮き・疑似餌	51	0.2	ゴミ袋	9	0.2
30	食用調味料PET	27	0.1	ルアー・浮き・疑似餌	8	0.2
31	スポンジ類	11	0.0	スポンジ類	4	0.1
	合計	31,312	100.0	合計	3,992	100.0

ニール・プラスチック類、発泡スチロール類、金属類のゴミでした。そこで、これら素材別に分けたゴミをさらに細かく分類し、ゴミの内訳について見ていきましょう。

表2はビニール・プラスチック類のゴミを再分類した結果です。個数の割合で見ても質量の割合で見ても、堆積域（S1, S2, S3の合計）と侵食域（E1, E2, E3の合計）では様子が異なります。まず個数割合で見ていきましょう。堆積域で最も多かったのは小さなシート状の破片で、これが約20％を占めていました。しかし、侵食域ではこれは

(b) **質量の場合**

順位	堆積域（S1, S2, S3）の合計	質量(kg)	比率(%)	侵食域（E1, E2, E3）の合計	質量(kg)	比率(%)
1	雑貨（文具・ガムテープ・洗濯・台所用品）	11.43	16.0	飲料PET	6.03	31.2
2	飲料PET	10.41	14.6	雑貨（文具・ガムテープ・洗濯・台所用品）	2.87	14.9
3	プラスチック破片	6.34	8.9	こげたもの（ビニール・プラスチック）	1.84	9.5
4	シート大・肥料袋	5.05	7.1	シート大・肥料袋	1.50	7.8
5	こげたもの（ビニール・プラスチック）	4.66	6.5	プラスチック破片	1.28	6.6
6	食品包装・容器	4.47	6.3	非飲料PET	0.74	3.8
7	レジ袋	3.62	5.1	食品包装・容器	0.60	3.1
8	雑貨袋大のもの	2.86	4.0	フタキャップ（PETフタ）	0.56	2.9
9	非飲料PET	2.50	3.5	フタキャップ（PET以外）	0.54	2.8
10	フタキャップ（PET以外）	2.41	3.4	レジ袋	0.49	2.5
11	苗木ポット（硬いもの・柔かいもの）	2.10	2.9	雑貨袋大のもの	0.47	2.4
12	フタキャップ（PETフタ）	2.00	2.8	食用調味料PET	0.36	1.9
13	使い捨てライター	1.81	2.5	お菓子包装	0.35	1.8
14	プラスチック破片（中）	1.78	2.5	使い捨てライター	0.27	1.4
15	お菓子包装	1.69	2.4	苗木ポット（硬いもの・柔かいもの）	0.27	1.4
16	シート片（小）	1.32	1.8	プラスチック破片（中）	0.18	0.9
17	雑貨袋・そのほか切れ端	0.91	1.3	ゴミ袋	0.17	0.9
18	お菓子包装（アメ・個装袋）	0.88	1.2	シート片（小）	0.14	0.7
19	ゴミ袋	0.80	1.1	荷造り用バンド	0.11	0.6
20	食用調味料PET	0.63	0.9	たばこフィルター	0.09	0.5
21	荷造り用バンド	0.60	0.8	ルアー・浮き・疑似餌	0.08	0.4
22	シート片（中）	0.54	0.8	シート片（中）	0.08	0.4
23	食品包装・容器などの切れ端	0.50	0.7	お菓子包装（アメ・個装袋）	0.07	0.4
24	ルアー・浮き・疑似餌	0.47	0.7	雑貨袋・そのほか切れ端	0.07	0.4
25	たばこ外装袋（上部・下部）	0.39	0.5	食品包装・容器などの切れ端	0.06	0.3
26	医薬品（ビニール製）	0.35	0.5	医薬品（ビニール製）	0.04	0.2
27	たばこフィルター	0.27	0.4	たばこ外装袋（上部・下部）	0.03	0.2
28	お菓子袋類の切れ端	0.19	0.3	お菓子袋類の切れ端	0.02	0.1
29	ラベルなど	0.14	0.2	商品吊り下げ袋上端	0.01	0.0
30	商品吊り下げ袋上端	0.11	0.2	ラベルなど	0.01	0.0
31	スポンジ類	0.07	0.1	スポンジ類	0.00	0.0
	合計	71.30	100.0	合計	19.30	100.0

表3　発泡スチロール類の各種別総量と割合

(a) 個数の場合

順位	堆積域 (S1, S2, S3) の合計	質量(kg)	比率(%)
1	トレー片（小）	2358	53.2
2	発泡スチロール片（小）	1,294	29.2
3	カップ・梱包資材・ブイ・その他緩衝材など	269	6.1
4	食品トレー・弁当・インスタントラーメン容器（発泡）	219	4.9
5	トレー片（中）	212	4.8
6	発泡片（中）	78	1.8
7	発泡（現物そのもの）	3	0.1
8	こげた発泡スチロール類	3	0.1
	合計	4,436	100.0

順位	侵食域 (E1, E2, E3) の合計	質量(kg)	比率(%)
1	トレー片（小）	1,054	51.7
2	食品トレー・弁当・インスタントラーメン容器（発泡）	497	24.4
3	発泡スチロール片（小）	204	10.0
4	カップ・梱包資材・ブイ・その他緩衝材など	142	7.0
5	発泡（現物そのもの）	86	4.2
6	発泡片（中）	51	2.5
7	トレー片（中）	3	0.1
8	こげたもの（発泡スチロール）	1	0.0
	合計	2,038	100.0

(b) 質量の場合

順位	堆積域 (S1, S2, S3) の合計	質量(kg)	比率(%)
1	発泡スチロール片（小）	1.14	27.0
2	食品トレー・弁当・インスタントラーメン容器（発泡）	1.03	24.5
3	トレー片　小	0.99	23.3
4	カップ・梱包資材・ブイ・その他緩衝材など	0.62	14.7
5	発泡片（中）	0.26	6.1
6	発泡（現物そのもの）	0.10	2.4
7	トレー片（中）	0.08	1.8
8	こげたもの（発泡スチロール）	0.01	0.2
	合計	4.23	100.0

順位	侵食域 (E1, E2, E3) の合計	質量(kg)	比率(%)
1	発泡スチロール片（小）	0.79	28.9
2	食品トレー・弁当・インスタントラーメン容器（発泡）	0.67	24.5
3	トレー片　小	0.48	17.8
4	カップ・梱包資材・ブイ・その他緩衝材など	0.42	15.3
5	発泡（現物そのもの）	0.16	5.8
6	発泡片（中）	0.15	5.6
7	トレー片（中）	0.06	2.1
8	こげたもの（発泡スチロール）	0.00	0.0
	合計	2.72	100.0

第2位で、割合は約12％でした。一方、侵食域で最も多かったのはたばこのフィルターでこれが約12％を占めていましたが、堆積域ではこれは第8位で約5％でした。食品の包装や容器（弁当ガラのほか、P.20の**写真3**や**6**に示したようなもの）は堆積域・侵食域のいずれでも約11％を占めていました。お菓子の個別包装（P.20の**写真4**のようなもの）は堆積域に比較的多く、約9％を占めていて第3位でした。しかし、侵食域では約5％で第6位でした。

　質量割合で見ると様子はかなり変わります。雑貨類が堆積域・侵

食域のいずれでも15〜16％（堆積域で第1位、侵食域で第2位）を占めていました。個数割合では2％程度しかなかったものが質量割合では大きな比率を占めていました。特徴的なのはペットボトルで、侵食域では約31％と第1位だったのに対し、侵食域では第2位で約15％でした。

　個別割合で上位を占めた小型シート状破片やたばこのフィルターは、質量割合では堆積域でそれぞれ22位と27位、侵食域では18位と20位でした。「個数はとても多いのに、合計した質量は小さい」のですから、一つずつのゴミがいかに小さいかがわかります。それだけ細かなゴミが湖岸に散らかっているわけです。湖岸清掃のボランティアの方々が相当に細かい作業に神経を使っていらっしゃることが容易に想像できます。

発泡スチロール類の内訳

　表3は発泡スチロール類ゴミを再分類した結果です。表中で「発泡（現物そのもの）」とあるのは、発泡スチロール製品でその元の形状（たとえば箱であるとかフタであるとか）がそのまま残っているもののことです。まず個数割合で見てみると、堆積域・侵食域ともに第1位は小さなトレー片で、どちらでも50％を超えていました。第2位は堆積域では小さな発泡スチロール片（約29％）、侵食域では発泡スチロール製の弁当ガラやカップめん容器など（約24％）でした。これら上位2位までで全体の7〜8割を占めていました。質量割合でみるとどちらでも第1位は小型の発泡スチロール片で3割近くを占めていました。第2位・第3位はどちらでも食品トレー類と小さなトレー片で、この二つでどちらも4割程度を占めていました。

表4　金属類の各種別総量と割合

(a) 個数の場合

順位	堆積域（S1, S2, S3）の合計	質量(kg)	比率(%)
1	アルミ箔・金属片など	735	40.2
2	医薬品（タブレット・袋入りなど）	448	24.5
3	金属製のフタ	409	22.4
4	飲料缶	103	5.6
5	その他の金属	50	2.7
6	非飲料缶（スプレーなど）	37	2.0
7	プルタブ	25	1.4
8	金属こげたもの	21	1.1
	合計	1,828	100

順位	侵食域（E1, E2, E3）の合計	質量(kg)	比率(%)
1	アルミ箔・金属片など	198	38.4
2	医薬品（タブレット・袋入りなど）	120	23.3
3	金属製のフタ	103	20.0
4	飲料缶	48	9.3
5	非飲料缶（スプレーなど）	16	3.1
6	プルタブ	13	2.5
7	その他の金属	11	2.1
8	金属こげたもの	6	1.2
	合計	515	100

(b) 質量の場合

順位	堆積域（S1, S2, S3）の合計	質量(kg)	比率(%)
1	飲料缶	1.91	32.4
2	非飲料缶（スプレーなど）	1.53	25.9
3	その他の金属	0.80	13.5
4	アルミ箔・金属片など	0.76	12.8
5	金属製のフタ	0.68	11.4
6	医薬品（タブレット・袋入りなど）	0.20	3.3
7	金属こげたもの	0.03	0.4
8	プルタブ	0.02	0.3
	合計	5.91	100

順位	侵食域（E1, E2, E3）の合計	質量(kg)	比率(%)
1	飲料缶	0.92	39.1
2	非飲料缶（スプレーなど）	0.85	36.5
3	金属製のフタ	0.19	8.3
4	その他の金属	0.18	7.7
5	アルミ箔・金属片など	0.13	5.7
6	医薬品（タブレット・袋入りなど）	0.04	1.9
7	金属こげたもの	0.01	0.6
8	プルタブ	0.00	0.2
	合計	2.34	100

金属類の内訳

表4は金属類の結果です。なお、薬のカラ（表中の医薬品、P.29の**写真37**や**38**のようなもの）も金属類に含めてあります。金属類でも個数割合と質量割合で傾向が異なりました。個数割合では堆積域・侵食域ともに第1位が金属片で38〜40％を占め、第2位は医薬品、第3位は金属製のフタ（P.24の**写真16**のようなもの）で、ともに20％以上を占めていました。ところが質量割合では、どちらの場所でも第1位と第2位は飲用缶と非飲用缶で、これらで5割以上を占めていました。つまり、金属類ゴミの場合でも、湖岸に散らばっているものの多くは小型のものであることがわかります。

5
どんな日にゴミは多いのか

出水日とその翌日はゴミが多い

　毎日調査していると、漂着するゴミの量が多い日もあれば少ない日もあることに気づきました。特に台風が来て大雨があった翌日などには多くのゴミが漂着することを経験的に知りました。そこで、大雨などによる出水のあった日とそれ以外の日に分けて分析してみました。

　次ページの図5にその結果を示します。ゴミを回収したときから24時間以内に出水があったときを「出水日」、その翌日を「出水日翌日」として示してあります。その上で、調査区間ごとに各月に採取したゴミの総質量について分類してあります。まず気がつくことは、どこの調査区間でも2002月（平成14）7月に採取したゴミの量が他の月よりも圧倒的に多いことです。この理由については後で説明します。

　次に気がつくのは、出水日と出水日翌日のゴミ質量がその他の日に比べて多いことです。この傾向は、特に2002月7月に強く見えました。ただし、堆積域のうち区間S1ではあまり明瞭には見えませんでした。

　2002年7月には台風による出水がありました。この年、彦根付近で台風による出水があったのはこのときだけでした。そこで、この出水があった2002年7月10日とその翌日に採取したゴミの量と、こ

れが2002年7月に採取したゴミ総量に占める割合とを**表5**に示します。堆積域・侵食域とも、この台風による出水のときに漂着したゴミの量が全体の4〜5割を占めていました。

河川に溜まっていたゴミが流れ出す

　これらのことをまとめると、次のようになるでしょう。出水の直後（出水日とその翌日）に漂着するゴミが多いということは、出水のと

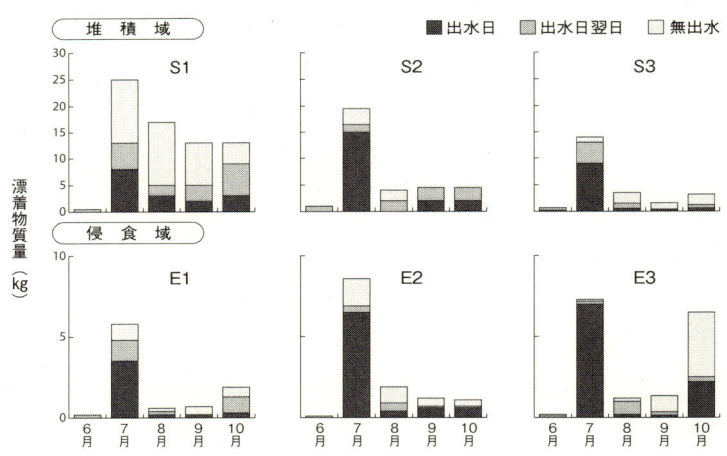

図5　各測定点での漂着物質量の季節変化

表5　7月10日の台風6号による出水で漂着したゴミ量

	堆積域 (S1, S2, S3)	侵食域 (E1, E2, E3)	調査区 合計
個数の比率 (%)	40	51	45
個数	4,286	2,242	6,528
質量の比率 (%)	42	49	45
質量 (kg)	22.3	14.2	36.6

比率：7月の総ゴミ量に対する割合

きに「それまで溜まっていたゴミがどっと出てくる」ことを意味します。出水のあるような悪天候時に湖岸に人が集まってゴミを捨てているとは考えられません。出水のときに増水するのは河川です。つまり、河川とその付近に溜まっていたゴミが出水時に流れ出し、これが湖岸に漂着していることを意味します。台風のときにこれが顕著だったということは、大水のときに「河川に溜まっていたゴミ」がどっと流れ出してきていることを意味します。つまり、湖岸に散らばるゴミを減らすためには、河川とその周辺に捨てられるゴミをなんとかしなくてはいけないことになります。

　また、河川から出水時にゴミが流出してくるときのプロセスを考えてみましょう。河川の出水時には、水だけではなく土砂も流れてきます。ゴミの中には川の表面を漂うものもあるでしょうが、出水時の河川水は「乱流」といって大小さまざまな渦を作りながら流れてきます。だから、川底や河岸の土砂も河川水に混じり流されてきます。もちろん、川底の土砂も動いています。つまり、ゴミの多くは土砂に触れながら流れているはずです。このような過程で、ゴミは土砂との摩擦で傷ついてくるはずです。漂着ゴミにずたずたにされたものが多いのは、このようなプロセスがあるからだと考えています。

　ところが、区間S1だけはこのような傾向が顕著ではありません。ここは図5で見たように、他の区間よりも漂着するゴミの量が圧倒的に多いところです。いったいここでは何が起きているのでしょうか。次の6章でこの問題を考えてみたいと思います。

6
風で吹き寄せられるゴミ

なぜS1の区間にはゴミが多いのか

　彦根付近では一年を通して北西風（北西から南東方向に吹く風）が卓越しています。1章で述べたように、彦根付近の湖岸では南西向きの沿岸流が最も強いわけですが、地形学的に考えるとこの沿岸流も風が引き起こしています。つまりこういうことです。彦根付近の湖岸に対して北西風がつくる湖の波があたります。ところがこの波は湖岸に対して若干斜めに入り込んできます。湖岸線が南西方向より若干南の方向に向かっているためです。そして波が引くときには湖岸の最大傾斜方向、つまり湖岸線と垂直な方向に引いていきます。これにより、北西方向から波により打ち上げられた水は、元の位置よりも若干南西向きに動かされます。これが繰り返された結果、南西向きの沿岸流が作られます。

　ところが、図6を見ると、堆積域のうちS1の区間は様子が異なっていることがわかります。S1は犬上川右岸に位置しています。そして、犬上川河口右岸には湖方向に突き出た岬状の地形があります。S1はこの岬状地形の東側に位置しています。そしてS1のさらに東側には北東から南西方向に向かう湖岸がつながっています。前述したように、この北東—南西方向の湖岸には南西向きの沿岸流が生じます。ところがS1の西側（つまり岬状地形の東側）では南東方向への沿岸流が形成される条件になっています。つまり、S1はその東側か

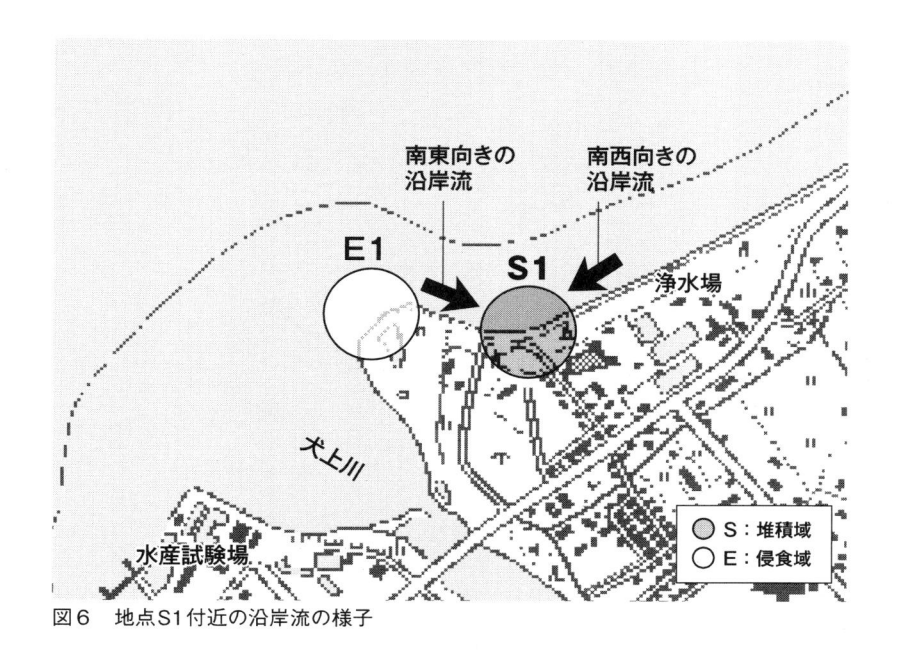

図6　地点S1付近の沿岸流の様子

らの沿岸流と西側からの沿岸流がぶつかり合う位置にあることがわかります。

　このような条件であるS1には特に多くのゴミが散乱しています。つまり、沿岸流で多くのゴミが運ばれてきていることがわかります。それだけではありません。もし湖面上に多くのゴミが漂っており、これが風により湖岸に吹き寄せられているとしたら、これも沿岸流にのって運ばれてくるはずです。

岸向きの風がゴミを運ぶ

　そこで、各区間で採取されたゴミを「出水日」「出水はないが湖から岸向きに風が吹いた日」「出水はないが岸から湖向きに風が吹いた日」に分け、それぞれに相当する日の日平均を算出しました。

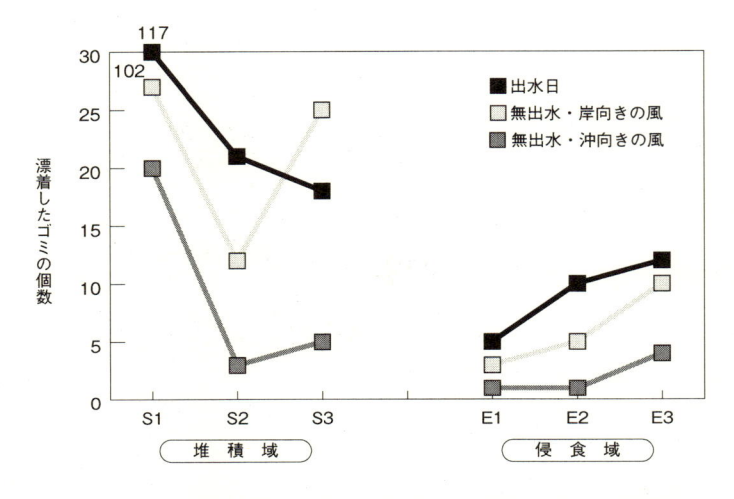

図7　各測定点で測定した漂着ゴミの個数と風向きの関係

　この結果を図7に示します。区間S3を除き、他のすべての区間で最も漂着ゴミが多いのが出水日、第2位が湖から岸向きに風が吹いていた日でした。S3では第1位が岸向きの風の日でした。つまり、岸向きに風が吹いている日にも相当量のゴミが漂着していることがわかります。
　岸向きの風のときに多くのゴミが漂着するということは琵琶湖の表面に多くのゴミが漂っていることを意味します。これが風に吹き寄せられて湖岸に到着しているのです。

7

ピンポン玉の漂流実験から

沿岸流の発生と風の働き

　これまで述べてきたように、湖岸に漂着するゴミは、琵琶湖の沿岸流で運ばれてきたもののほか、風に吹き寄せられるものも多くあることがわかります。一方、琵琶湖の湖面に生じる波は、風の作用で生じるものです。そして、沿岸流は、岸に打ち上げる波の作用で生じるものです。

　6章の冒頭でも沿岸流の発生の仕方を説明しましたが、ここではもう少しわかりやすく説明しておきましょう。沿岸流は、岸に対して波が斜めに入ってくることで生じます。いま、次ページの図8にあるように、岸に対して波が右前方から斜めに入ってくる場合を考えましょう。すると、点1のところにあった水の塊は波によって点2に打ち上げられます。打ち上げられた水は、今度は重力の作用で湖に戻されます。このときは、浜の最大傾斜方向に水は動きますから、水は汀線（ていせん）に対してほぼ直角に流下し、点3に到達します。この水は、また次の波によって点4に打ち上げられ、そののち重力の作用で点5に至ります。つまり、点1にあった水の塊は、点3から点5へと移動していきます。このような作用が水には繰り返し働いているわけですから、湖岸の水は全体的に右から左へと移動していきます。これが沿岸流の発生する理屈です。

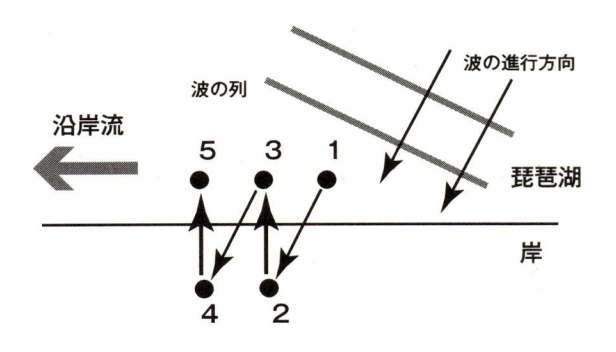

図8　沿岸流発生の模式図

　一方、波の生じている海面や湖面上に板きれか何かを浮かせておいてみましょう。はたして波といっしょに移動するでしょうか？　実際にやってみると、板きれは同じ場所を行ったり来たりすることが多く、波はまるで板きれの下を通過するように進行していきます。つまり、海面や湖面の波は、そこにある物質そのものを岸のほうへ運ぶことはほとんどしないのです。でも、海面や湖面には風が吹いており、この風が波を引き起こしているのが普通です。だから、浮いている物体には風からの力は加わります。

　以上のことから考えると、琵琶湖の湖岸付近に漂っているゴミには、風から受ける力の作用と、沿岸流により流される作用とが働くことが容易に想像できます。では、実際にはどのような動きをしめすのでしょうか？　このことを考えるために、簡単な実験を行ってみました。

3種類のピンポン玉で実験

　波が岸へ向かって直角に打ち寄せている日に、岸から沖に15〜

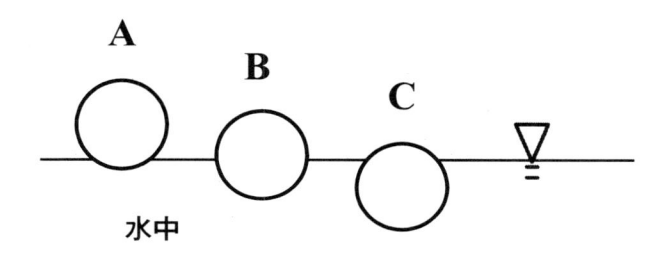

図9　実験に使用したピンポン玉の模式図

　30mぐらいのところにピンポン玉を投げ入れ、これが湖面表面を漂いながら移動する様子を観察しました。そして、投入してから30秒ごとにその位置を記録しました。ただしこのとき、使用するピンポン玉に工夫を加えました。ピンポン玉の中に水を入れ、入れる水の量を調節することで、**図9**のようにピンポン玉の半分近くまで水に沈むもの(B)と、ピンポン玉の8〜9割が水に沈むもの(C)を作りました。もちろん、ピンポン玉の中に水をまったく入れず、そのほとんどが湖面に浮かんでいるもの(A)も準備しました。

　2001年(平成13)10月18日に行った実験結果を次に示します。この日は晴天で、風速も毎秒2m以下と穏やかでした。そして、風はほぼ湖岸線に直交して沖から岸に向けて吹いていました。したがって、波も岸に垂直に入射してきていました。ただし、ときどき船舶が沖を通過し、その船舶がたてた波は岸に対して斜めに入射してきていました。次ページの**図10**の左側には、波が岸に垂直に入射してきたときの実験結果、右側には波が岸に斜めに入射してきたときの実験結果の例を示してあります。

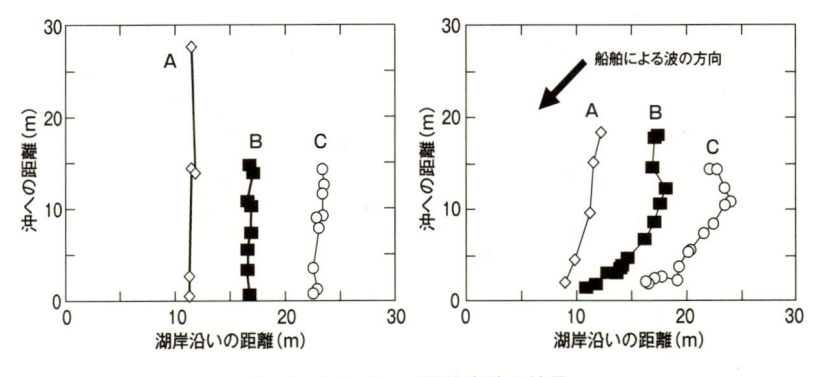

図10　ピンポン玉漂流実験の結果

ピンポン玉が岸に漂着するまでの時間

　まず、ピンポン玉を投入してからそのピンポン玉が岸に漂着するまでの時間について検討します。波が岸に垂直に入射するときも岸に斜めに入射するときも、Aのピンポン玉が最も早く岸に漂着しました。5回行った実験の平均を見ると、Aのピンポン玉が岸に漂着するまでの時間が3分56秒だったのに対し、Bのピンポン玉は12分28秒、Cは16分28秒でした。前にも述べたように、岸に向かって進行する波そのものにはピンポン玉を積極的に動かす効果はあまりありません。ということは、漂流している物体を岸向きに運ぶ力としては、風による力を考えなくてはいけません。一方、Aのピンポン玉はBやCのものよりも水面上にある部分が大きく、風の作用を受けやすくなっています。Bは半分くらいしか水面上にはありませんし、Cの場合はその1～2割しか水面上にはありません。だから、風をまともに受けて風の力で動くのはAのピンポン玉であり、その次に風の力で動かされやすいのがB、もっとも影響を受けにく

いのがCといえます。このため、Aのピンポン玉が最も速く岸に漂着し、その次がB、最後がCという順になったのだと判断できます。

ピンポン玉が動いた軌跡

次にピンポン玉の動いた軌跡について考えてみましょう。波が岸に垂直に入射していたとき、すべてのピンポン玉が岸に垂直に動き、ついには岸に漂着しました（図10の左）。一方、船舶がたてた波が岸に対して斜めに入射してきていたときには、どのピンポン玉も岸に近づくにつれて岸から見て左側へ流されるようになっていきました（図10の右）。この傾向は、AのピンポンよりもBやCのピンポン玉で強く表れていました。いま、波は右前方から斜めに入射してきているのですから、P.42の図8で説明したように、岸から見て左に向かう沿岸流が発生します。ピンポン玉が岸に近づくにつれて左側へ流されるようになったのは、この沿岸流がピンポン玉を移動させる効果が出てきたためだと判断できます。また、Aのピンポン玉に比べて、BやCのピンポン玉はその半分以上が水中にあるわけですから、流れの影響を強く受けます。このため、BやCのピンポン玉は岸付近で岸と平行に流されやすいのだ、と考えました。

ピンポン玉Aはフタ付きペットボトル

この実験結果をもとに、湖面を漂流しているゴミの動き方を考えてみましょう。たとえば、フタのついているペットボトルのようなものの場合、特にその中身が空っぽになっているものなら、水面上にそのほとんどが露出した状態で漂っています。ちょうど、実験で使用したAのピンポン玉と同様の状態になっているわけです。こ

のようなものなら、風による作用を強く受けることになります。ですから、湖から岸に向けて風が吹いているようなとき、その湖面に浮いているフタ付きペットボトルはどんどん岸に向けて動かされ、岸に漂着していくことになります。

　実は、湖岸で回収したペットボトルの多くはフタが閉まったままの状態でした。もちろん中身は空っぽです。このようなペットボトルは湖面で風を受けてどんどん移動していることが想像できます。

　一方、ガラス製のドリンクのボトルなどでもフタがついたままになっているものが多くありました。この場合、ガラス自体の重さがありますから、たとえ中身が空っぽでもその頭が少し水面に顔を出した程度で水面に浮くことになります。ちょうど、Ｃのピンポン玉と同じ状態で湖面を漂うわけです。このようなものなら、流れの影響を強く受けるわけですから、湖岸付近では沿岸流の影響を受けて湖岸と平行に流されやすいのだと考えられます。

　今回の調査では、実際に湖面上を漂流しているゴミの動態を直接測定することはできませんでした。でも、この実験結果から、湖面を漂うゴミは湖流と風の影響を強くうけて漂流していることが容易に想像できます。

8
ゴミがゴミである時間

捨てられた時期を推定するには

　これまで見てきたように、琵琶湖岸にはおびただしいゴミが漂着します。そしてその多くは、その場で捨てられたものではなく、どこか別の場所で捨てられてから湖岸まで運ばれてきたものです。琵琶湖に流入する川や琵琶湖の表面にある程度の時間は存在していたはずです。いったいどのくらいの時間、ゴミは環境中に放置されていたのでしょうか。

　ゴミは人間が捨てたものです。人間に捨てられるまでは、製品あるいは製品の一部だったものです。そして、これが捨てられた瞬間にゴミとなります。もしそのゴミの捨てられた時期がわかれば、それが環境中に放置されていた時間がわかるはずです。とはいえ、採取したゴミに「捨てられた時期」が記録されているはずもありません。

　なんとかこれを推定できないでしょうか。そこで、ゴミに印字されている「賞味期限」「消費期限」「製造年月日」などの記録を利用することを考えました。なぜなら、最近の日本人の行動形態を考えた場合、その商品を購入してからその空き缶なり空きペットボトルなりを川や湖に捨てるまで、そんなに時間がかかるとは考えられないからです。

　つまりこういうことです。川や湖に遊びに行くとき、いまどきの

生活ではまずコンビニやスーパーに寄り、そこで飲み物や食べ物を買い、それを持って川や湖に訪れることが多いでしょう。自分の家にある飲み物や食べ物を持っていくより、途中で買うほうが普通なのではないでしょうか。そして、川や湖で飲み終わったり食べ終わったりしたものがそこに捨てられてゴミになるわけです。あるいは家庭で出たゴミを袋に入れ、これを川などに捨てる人もいるでしょう。川にかかる橋の周辺にはこのようなゴミがよく見られます。この場合だって、家庭で消費したものを数日以内に捨てるのが普通なのではないでしょうか。つまり、環境に放置されるゴミは、それが消費されてからあまり時間をおかずに捨てられたものだと考えるが妥当だと思います。

賞味期限などから放置期間を推定

　ところで、日本では1995年(平成7)に法律が変わり、それまでは「製造年月日」が印字されていたものが「賞味期限」や「品質保持期限」「消費期限」などの表示に変わりました。このような変更があったのは、日本人の消費行動の特性が影響してのことだそうです。増尾清さん*9によれば、1980年代後半から1990年代前半にかけて、消費者はなるべく製造年月日に近いものを購入するようになったのだそうです。そのため、多くのスーパーでは店頭にならぶ飲料や菓子類を賞味期限に達するかなり前に廃棄していたそうです。また矢作敏行さん*10によれば、このころのコンビニは多くの店舗で製造年月日から賞味期限までの期間の3分の2に達したときにこれらの製品を廃棄していたそうです。一方、1995年の法律改正で「賞味期限」等の表示に切り替わった後も、スーパーやコンビニが賞味期限切れの商品をそのまま置いておくことはありません。そしてスーパーな

どで観察していると、「賞味期限よりもなるべく前のもの」を買おうとしている方々の姿をよく見かけます。

ということは、ゴミになる商品が購入されるのはその製品が製造されてからその賞味期限なり消費期限なりまでの間、と考えるのが妥当でしょう。つまり、「その製品の製造年月日からゴミとして採取されるまでの間」が最長の「ゴミとして放置されていた時間」となるはずです。確実にゴミとして存在していた時間を表すものではありませんが、その時間より「あたらずとも遠からず」くらいの指標にはなりそうです。そこでこの時間を「推定放置期間」と呼ぶこととしました。

ただし、その製品が製造されてからの「賞味期限」なり「消費期限」までの期間は、それぞれの企業が責任を持って決めています。ですから、「賞味期限」などの日時が印字されているゴミを採取した場合、その製品を製造した会社の「お客様相談センター」などに問い合わせ、製造年月日を特定するようにしました。幸い、多くの企業が協力してくださり、ほとんどの場合に製造年月日を特定することができました。拾った5万150個の漂着ゴミのうち、推定放置期間を特定できたものは約2,000個に及びました。主に、紙パック飲料、食品包装容器類、ペットボトル、飲用缶、たばこの外装ビニール袋の5種類について特定できました。

ペットボトル・飲用缶・紙パックを比較

この結果の一例を次ページの図11に示します。これはペットボトル・飲用缶（ジュースやビールなど）・紙パック飲料（ミルクやジュースなど）の湖岸漂着ゴミについて推定放置期間を調べ、それらをヒストグラム（頻度分布図）として示したものです。非常に興味深いことに、

50

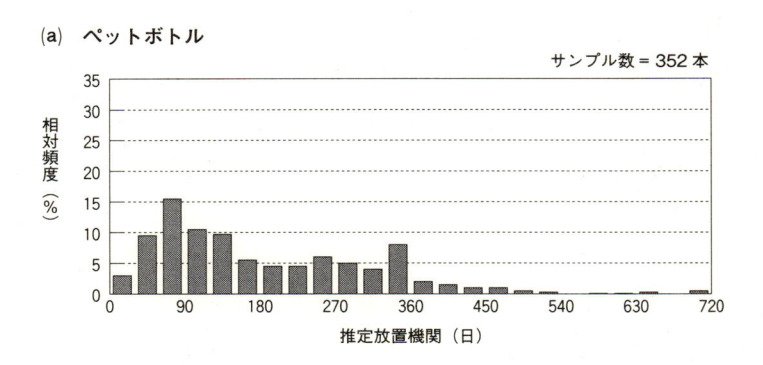

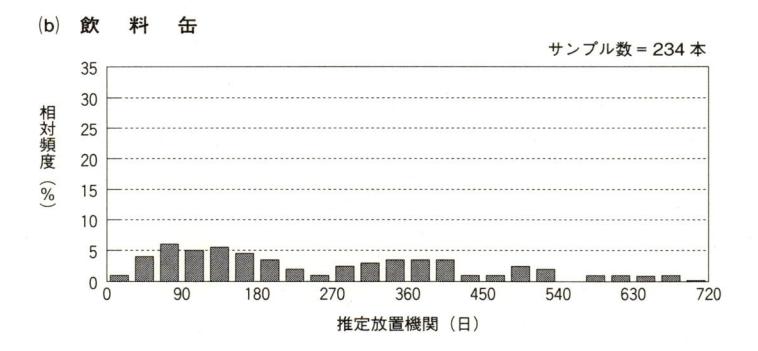

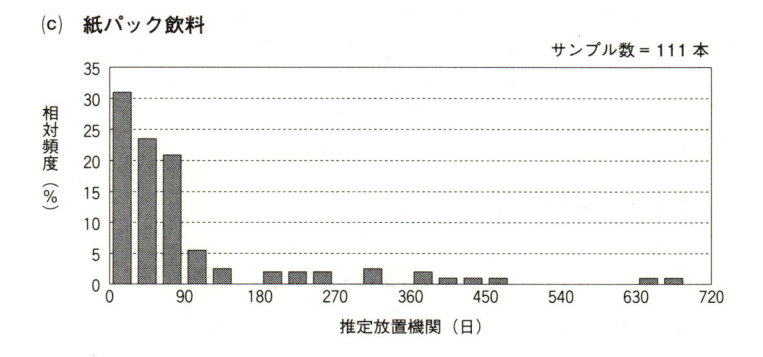

(a) ペットボトル

サンプル数＝352本

(b) 飲　料　缶

サンプル数＝234本

(c) 紙パック飲料

サンプル数＝111本

図11　回収したペットボトル、飲用缶および紙パック飲料ゴミの推定放置期間のヒストグラム

製品によって山の位置が異なりました。ペットボトルと飲料缶では60〜90日のものが最も多かったのに対して、紙パック飲料容器では30日未満のものがもっとも多くなりました。特に飲料缶では推定放置期間の長いものが多く、2年を超えるものが38%にも達しました。また、ペットボトルと飲料缶では330〜360日のところにもピークが見られました。

　推定放置期間の分布には、製品の流通期間や保存期間等も大きく影響しているはずです。たとえば紙パック飲料の場合、賞味期間はせいぜい1週間程度、長くても2週間ぐらいです。ですから、スーパーやコンビニでも、その製品が製造されてから数日後にはその商品は陳列されていることになります。それを買った人がすぐに消費して捨てたものが多いため、紙パック飲料の推定放置期間のピークは30日未満のところに出ているのだと考えました。それに対し、ペットボトルや飲用缶の場合、賞味期間は1年ぐらいのものがほとんどです。ですから、スーパーやコンビニでもその製品が製造されてから2〜3ヶ月経過したものでも陳列されていることがよくあります。つまり、製造されてからお店に陳列されるまでの時間がある程度あるわけです。このため、これらの製品のピークは60〜90日のところに来ているのだと考えています。おもしろいことに、ペットボトルや飲用缶の場合、360日付近にもピークが見えています。一部のディスカウントストアでは、賞味期限より1〜2ヶ月前ぐらいのものをよく扱っており、実は私もそのような店を愛用しています。このようなところで購入されたものもゴミとして放置されているようです。われわれの消費活動の実態を考えさせる、極めて興味深い結果になりました。

*9 　増尾清（1991）改正食品表示がわかる本—添加物・品質表示の見分け方—．社団法人農山漁村文化協会，東京．

*10 　矢作敏行（1994）コンビニエンスストア・システムの革新性．日本経済新聞社，東京．

9

古いゴミたち

製造年月日の古いゴミ

　もういちどP.50の図11を見てみましょう。ペットボトルや飲用缶の場合、推定放置期間が720日（つまり約2年）くらいのものも見られます。つまり、かなり古いゴミも湖岸に漂着していることを意味します。そこで、製造年月日の古いゴミに着目してみました。

　写真41は、採取したゴミの中で最も製造年月日の古かったものです。この製造年月日表示を各大したものが**写真42**です。日本ハムが販売した「若鶏ブロイラー」の包装で、製造されたのは昭和44年8月5日、つまり1969年に製造されたものです。ゴミを採取したのは2002年（平成14）ですから、実に33年間も環境中に放置されてい

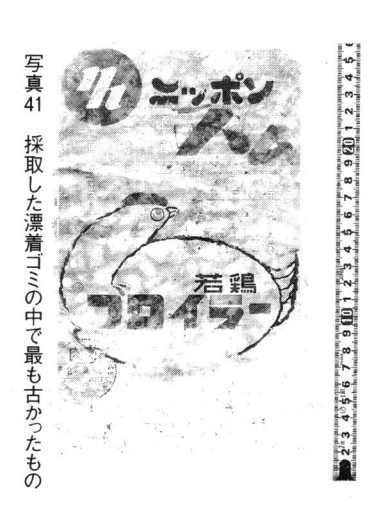

写真41　採取した漂着ゴミの中で最も古かったもの

写真42　写真41で示したゴミの製造年月日表示

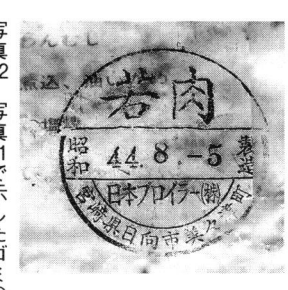

写真43 1971年から1973年ごろに製造された製品のパッケージがゴミとなったもの

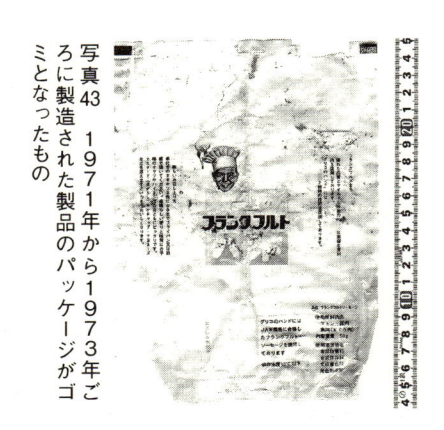

たことになります。

　中には製造年月日等の表示はなくてもその製造年代が判明したものもあります。**写真43**はグリコ栄養食品が製造した「フランクフルト」の包装で、にこやかなコックさんの顔がきれいに残っていましたが製造年月日表示を読み取ることはできませんでした。しかし食品表示などとあわせてメーカーのお客様相談室に問い合わせたところ、これは1971〜1973年(昭和46〜48)頃に製造販売された商品だと判明しました。**写真44**は進々堂の「コーヒーサンド」というパンの包装です。その価格表示をみると「25円」と書かれていました。これもメーカーに問い合わせたところ、1960年代の製品だとわかりました。つまり、これらのゴミも30年あるいはそれ以上環境中に放置されていたことになります。

年代別に見てみると

　いま紹介したもの以外にも、1970年代後半に製造されたとみられる「コカ・コーラ(コカ・コーラ社)」の空き缶、1980年代後半に製造された「コーヒー園(カゴメ)」という1.5ℓのペットボトルや、1980

写真44　1960年代に製造されたパンの包装ゴミと、その価格表示の拡大写真

年代前半にテレビ放送されていた「Dr. スランプ　アラレちゃん」のキャラクターシールらしきものなどが見つかりました。採取した5万150個のゴミのうち、年代判別ができた33個のゴミを年代別にみると、1960年代のものが2個、1970年代のものが5個、1980年代のものが26個となりました。

　日本では、1980年代後半〜1990年代初頭のいわゆる「バブル期」に国民の消費行動が急速に拡大し、社会は大量生産・大量廃棄の体制へと変化しました[11]。植田和弘さん[12]によれば、使い捨てのペットボトルやビンのシェアは1981年の0.1％から1991年には33.6％に増大したとのことです。このことから想像すると、ゴミとして放置されるものの量も1980年代当初より1990年代以降のほうが多くなっていることでしょう。今回の調査では古いゴミの比率は低い状態でしたが、今後はこのような古いゴミが湖岸に漂着する頻度もきっと高まっていくのかもしれません。

[11]　環境庁（1992）持続可能な未来の地球への日本の挑戦．環境白書，平成4年版，総説．大蔵省印刷局，東京．
[12]　植田和弘（1992）廃棄物とリサイクルの経済学：大量廃棄社会は変えられるか．有斐閣，東京．

10
ゴミは語る

湖南市のゴミがなぜ彦根市湖岸に漂着したのか

　写真45の漂着ゴミは、滋賀県湖南市にある工場内で使われていた管理用ラベルです。2002年（平成14）7月22日の朝に漂着していたものです。ラベル中央の「切り取り線」や記載内容も鮮明に残っていました。推定放置期間は229日です。

　このラベルを使用していた工場に問い合わせたところ、この漂着ゴミにはとても大事な意味があることがわかりました。このラベルは工場内での管理に使用されるものです。この工場は湖岸より離れた内陸に位置し、工場のすぐ裏には野洲川が流れています。しかもそのラベルの期日表記から、使用されていた季節は冬であることがわかります。このことより、冬季の強い風によりラベルが吹き飛ばされ、これが野洲川の流れに取り込まれたのち琵琶湖に流出したと想像できます。

　このラベルが採取された場所は彦根市の湖岸です。一方、野洲川は採取地点より約28km南西のところで琵琶湖に注ぎ込みます。つまり、このラベルは琵琶湖の流れに乗って彦根までたどり着いたことになります。これを可能にする流れは、琵琶湖特有の「環流」しか考えられません。推定放置期間は229日ですから、このラベルは数ヶ月の間は琵琶湖を漂っていたことになります。

　ゴミは土砂とともに運ばれるなら、土砂にこすられてボロボロに

写真45　湖南市にある工場で使用されていたラベルがゴミとなったもの

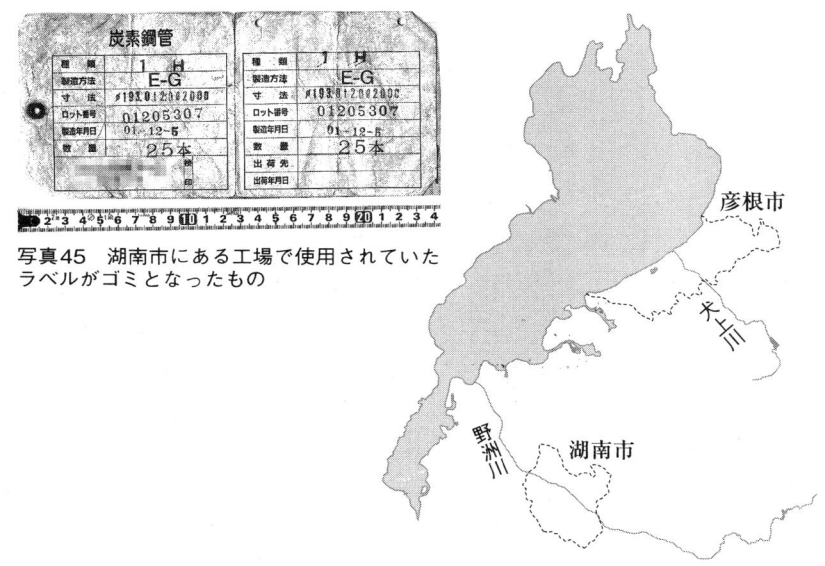

図12　彦根市・湖南市の位置

なるでしょう。でも琵琶湖の環流に取り込まれれば、その流れに乗って悠然と運ばれるのですから、きっと傷つきにくいはずです。前章で紹介したように、漂着ゴミには比較的きれいでしかも推定放置期間の長いものがあります。つまり、相当量のゴミが琵琶湖上を長期間漂流していることが容易に想像できます。

かなりの量は河川から

　これまで紹介してきたように、琵琶湖岸には大量のゴミが漂着しています。それらのかなりの量は河川から供給されています。30年以上も長期にわたって琵琶湖上を漂流しているものもあります。それらが、琵琶湖上の風や沿岸流の影響を受けて湖岸に漂着しているのです。ということは、河川へのゴミ投棄をよほど厳しく規制しな

い限り、琵琶湖にあるゴミの量は減少しないことがわかります。

　湖岸のゴミ清掃にあたっている地元の方々は「取っても取っても取りきれない。雨のあとなどとてつもない」とおっしゃいます。琵琶湖でエリ漁(琵琶湖での伝統的な漁法)をしている漁師さんたちも「雨降りの後、網にかかるものはゴミだらけ」とおっしゃいます。私たちの調査結果はこのことがいかに誇張のないものかを示しています。また、環流に乗って漂流しているゴミがあることや、30年以上も放置されているゴミがあることは、ゴミ問題の解決の複雑さと困難さを物語っていると言えるでしょう。

湖上や湖底にも大量のゴミが

　今回調査した対象は、湖岸に漂着したゴミだけでした。しかし、総延長300mの湖岸に5ヶ月で5万個ものゴミが漂着したということは、琵琶湖上を漂っているゴミも琵琶湖の底に沈んだゴミも大量にあることを意味します。

　社団法人日本プラスチック処理促進協会[*13]によれば、日本全体でのプラスチック樹脂年間生産量は、2004年には1,400万tにも達しています。また一般廃棄物の量も増大しています。つまり、環境中にポイ捨てされるゴミの中でも、なかなか分解されないプラスチック系のゴミが増え続けていることが予想できます。これらは琵琶湖の環流に取り込まれれば長期間にわたり漂流する可能性のあるものです。自然界に長い間放置されるゴミの数は、このままでは今後も増加するに違いありません。

＊13　社団法人日本プラスチック処理促進協会のホームページ
　　　http://www.pwmi.or.jp/

11

川にもゴミがあるのか
―「おわりに」に代えて―

本当に河川にもいっぱいあるのか

　5章でも述べたように、琵琶湖岸に漂着するゴミは出水の直後にどっと出てきます。このことから、河川とその付近に溜まっていたゴミが出水で流れ出してきていることがわかります。では、本当に河川には「ゴミがいっぱい」あるのでしょうか。

　実は、高畑君が琵琶湖岸でゴミの調査をする以前に、私の研究室ではゴミに関連した調査を犬上川で行ったことがあります。その結果がなかなか面白く、高畑君にゴミ研究を志させた一面もありました。ここでは、その研究結果をご紹介しておこうと思います。詳しくは、木林ら[14]（2002）および倉茂ら[15]（2003）をご覧いただきたいと思います。

　犬上川の下流部では、かつての河原だったところが、今は河川水面から2m以上高いところに位置しています。かつての河原が一段高いところに存在するようになったのですから、このことを私たちは「段丘化」と呼んでいます。そして、かつての河原を作っていた土砂が段丘化したことは、地形学的にはこの川が現在は下方に侵食してきていることを意味します。このような変化が起きた最大の原因は、河口に存在していた三角州の土砂を取り除く工事（河口部の土砂掘削工事）が1992年（平成4）から1993年にかけて行われたことです。

このときの私の興味は、本当に1992年から1993年に行われた河口部の土砂掘削（くっさく）工事が河原の段丘化の原因になったかどうか、それを証明することでした。そのためには「元の河原を作っている土砂がいつ堆積したものなのか」を解明しなくてはなりません。

土砂中のゴミで堆積時期がわかるのか

　そのころ、私は北海道の南十勝（みなみとかち）地方でも河川の土砂の調査を行っていました。そして、そこで川の土砂の中に使い古しの乾電池が交じっているのを知りました。そのときは「こんなところにもゴミが入っているんだなあ。人間のもっと多い本州だったら、きっともっと多いんだろうなあ」などと漠然（ばくぜん）と考えていただけでした。

　そして、犬上川の段丘化した堆積物の堆積時期を解明しなくてはならなくなったとき、南十勝でのゴミのことを思い出し、急にひらめいたのです。その内容は以下の通りです。段丘化した堆積物にはきっとゴミがたっぷり交じっているにちがいありません。そして、その中には賞味期限表示だとか製造年月日表示だとか、とにかくゴミがいつごろ捨てられたのかを想像させる表示のついたゴミがあるはずです。こういうものをたくさん集めれば、この段丘化した土砂の堆積時期を推定する助けになるはずです。

　犬上川の調査をしながら、その当時大学4年生だった木林　大（きばやしひろし）君に話してみたら、彼は「そんなことまでやらされるのか」と非常に怪訝（けげん）そうな顔をしていました。でも、有無を言わさずに土砂を掘り出す道具を買い与え、やらせてみたのです。

こんなものが埋まっている！

　木林君は「しょうがないなあ」という顔で調査に出ていきました。

ところが、その日の午後、うれしそうな顔つきで目を輝かせて私の研究室に飛び込んできました。「先生！　出ました！　ありました！」　彼の手をみると、そこには土砂の中から掘り出された「ビックリマンチョコレート」のパッケージがありました。木林君は次のように続けました。「こんなものが埋まっているんですね。これ、僕たちが子供のころにあったやつです。こんなものが見つかるんですね。この調査、おもしろいです。もっと掘ってみます」

写真46　ゴミの堆積状況（キリンレモンの缶）

　その後、いろいろなゴミが見つかりました。ビールの缶、ビール瓶の破片、ポテトチップスのパッケージ、アイスキャンディーのパッケージ、炭酸飲料の缶などなどです。これらは「製造年月日」や「賞味期限」などが印字されているものだけで、これ以外のもの（ビニールの破片やプラスチックの破片など）はそれこそたくさん埋もれていました。**写真46**は、実際に段丘化した堆積物を掘っていったときに見つけたゴミの堆積状況で、ここには「キリンレモン」の缶がしっかりと埋まっている様子が写っています。

　木林君は、ゴミの調査のほかに段丘化した堆積物の上に生えているヤナギの木の年輪解析も行い、この堆積物は1990年までに堆積したものだ、と結論づけました。これより新しい土砂はここには存在しませんでした。このことから、河口部掘削工事の直前の1990年ま

では河原の土砂はどんどん堆積していく傾向にあったものが、掘削工事後は堆積しなくなり、犬上川は下方に侵食するようになったことが証明できました。

　私の専門は地形学ですから、「川のゴミも土砂に埋もれれば地形学の役にたつものだ」と悦に入っていました。でも、うちの学生たちには「環境中にいかに多くのゴミが放置されているのか」を想像させるもの、と受け止められたようです。高畑君も多分に木林君の調査結果に影響を受け、琵琶湖岸のゴミ調査を行いたいと考えたようです。

「湖岸清掃」だけで問題は解決しない

　その後も、私の研究室に配属になる学生の中から、何年かに一人は「自然中に放置されたゴミの問題を研究したい」と言い出す者がいます。そして、そういう学生といっしょになって、これまでに滋賀県の天野川と犬上川で「川に放置されたゴミの実態調査」を行うことができました。その結果もすさまじいもので、それこそ「川にはゴミがいっぱい散乱している」ことを示していました。この問題についてここで詳しく述べることはできませんから、この詳細は稿を改めてご報告したいと思います。

　琵琶湖の湖岸には毎日ゴミが漂着しています。その多くは河川から流し出されてきていること、実際に河川には多くのゴミが散乱していることも事実です。湖岸に漂着するゴミの多くが河川から供給されている以上、「根本をたたない」かぎり湖岸のゴミ問題は解決しないことがわかります。「湖岸清掃」でゴミを拾っているだけでは、いつまでたっても問題は根本的に解決しません。「河川にゴミを捨てさせない」ことが、琵琶湖湖岸のゴミ問題の根本的解決策になる

はずです。

　私は自然科学の研究者ですから、「どのようにしたら人間にゴミを捨てさせずにすむか」のような「人間の行動」に関わる名案をもっているわけではありません。でも、「河川にゴミを捨てさせない」ことが琵琶湖岸に漂着するゴミを激減させるに違いないことだけは、学問的良心に誓って申し上げることができるのです。

＊14　木林大、池尻公祐、倉茂好匡（2002）埋没人工物を用いた低水路段丘化堆積物の堆積年代同定―滋賀県東部・犬上川の事例―．応用生態工学，5(1)，115-123.

＊15　Kurashige, Y., Kibayashi, H. and Nakajima, G. (2003) Chronology of alluvial sediment using the date of production of buried refuse: a case study in an ungauged river in central Japan. In De Boer, D., Froehlich W., Mizuyama, T. and Pietroniro A.(eds), *Erosion prediction in ungauged basins: integrating methods and techniques*, IAHS Publications, 279, 43-50.

■著者略歴

倉茂好匡(くらしげ よしまさ)

1958年12月14日生まれ。1983年3月北海道大学大学院理学研究科地球物理学専攻修士課程修了。1983年4月から1989年3月まで東京都私立成蹊学園・成蹊中学高等学校教諭。1989年4月北海道大学大学院理学研究科地球物理学専攻博士後期課程入学、1992年3月同修了。1992年6月北海道大学大学院環境科学研究科助手、1993年4月北海道大学大学院地球環境科学研究科助手、1998年10月滋賀県立大学環境科学部助教授、2005年9月滋賀県立大学環境科学部教授、現在に至る。専門は水文地形学、陸水物理学。

滋賀県立大学 環境ブックレット1

琵琶湖のゴミ
取っても取っても取りきれない

2009年11月15日　第1版第1刷発行

著者……………倉茂好匡

企画……………滋賀県立大学環境フィールドワーク研究会
　　　　　　　〒522-8533滋賀県彦根市八坂町2500
　　　　　　　tel 0749-28-8301　　fax 0749-28-8477

発行……………サンライズ出版
　　　　　　　〒522-0004滋賀県彦根市鳥居本町655-1
　　　　　　　tel 0749-22-0627　　fax 0749-23-7720

印刷・製本……サンライズ出版

© Yoshimasa Kurashige　Printed in Japan
ISBN978-4-88325-402-6 C1340
定価は表紙に表示してあります

刊行に寄せて

　滋賀県立大学環境科学部では、1995年の開学以来、環境教育や環境研究におけるフィールドワーク（FW）の重要性に注目し、これを積極的にカリキュラムに取り入れてきました。FWでは、自然環境として特性をもった場所や地域の人々の暮らしの場、あるいは環境問題の発生している現場など野外のさまざまな場所にでかけています。その現場では、五感をとおして対象の性格を把握しつつ、資料を収集したり、関係者から直接話を伺うといった行為を通じて実践のなかで知を鍛えてきました。

　私たちが環境FWという形で進めてきた教育や研究の特色は、県内外の高校や大学などの教育関係者だけでなく、行政やNPO、市民各層にも知られるようになってきました。それとともに、こうした成果を形あるものにして、さらに広い人々が活用できるようにしてほしいという希望が寄せられています。そこで、これまで私たちが教育や研究で用いてきた素材をまとめ、ブックレットの形で刊行することによってこうした期待に応えたいと考えました。

　このブックレットでは、FWを実施していく方法や実施過程で必要となる参考資料を刊行するほか、FWでとりあげたテーマをより掘り下げて紹介したり、FWを通して得た新たな資料や知見をまとめて公表していきます。学生と教員は、FWで県内各地へでかけ、そこで新たな地域の姿を発見するという経験をしてきましたが、その経験で得た感動や知見をより広い方々と共有していきたいと考えています。さらに、環境をめぐるホットな話題や教育・研究を通して考えてきたことなどを、ブックレットという形で刊行していきます。

　環境FWは、教員が一方的に学生に知識を伝達するという方式ではなく、現場での経験を共有しつつ、対話を通して相互に学ぶというところに特色があります。このブックレットも、こうしたFWの特徴を引き継ぎ、読者との双方向での対話を重視していく方針です。読者の皆さんの反応や意見に耳を傾け、それを反芻することを通して、新たな形でブックレットに反映していきたいと考えています。

2009年9月

滋賀県立大学環境フィールドワーク研究会